SOCIÉTÉ NATIONALE
D'AGRICULTURE, SCIENCES ET ARTS D'ANGERS.

TRAVAUX DU COMICE HORTICOLE DE MAINE ET LOIRE.

COMPTE RENDU

DE L'EXPOSITION

DES PRODUITS VINICOLES

DU DÉPARTEMENT DE MAINE ET LOIRE. — 1849-1850,

PRÉCÉDÉ

De quelques généralités sur la viticulture et l'œnologie
de l'Anjou

ANGERS,

COSNIER ET LACHÈSE, IMPRIMEURS-LIBRAIRES.

1851.

TRAVAUX
DU COMICE HORTICOLE DE MAINE ET LOIRE.

COMPTE RENDU

DE L'EXPOSITION

DES PRODUITS VINICOLES

ANNÉES 1849-1850,

PRÉCÉDÉ

De généralités sur la viticulture et l'œnologie de l'Anjou

ANGERS,

COSNIER ET LACHÈSE, IMPRIMEURS-LIBRAIRES.

1851.

ERRATA.

—

INTRODUCTION.

Page 11, ligne 3, — lisez : d'*une* au lieu d'*uye*.

GÉNÉRALITÉS.

— 17, ligne 19, — lisez : *crossette* au lieu de *crosete*.
— 25, ligne 8, — lisez : *qu'on veut* au lieu de *on veut*.
— 28, ligne 7, — lisez : *et a* au lieu de *est à*.
— 30, ligne 1, — lisez : *multiples* au lieu de *multipliées*.
— 30, ligne 18, — lisez : *et avoir* au lieu de *avoir*.
— 35, ligne 19, — lisez : *employent* au lieu de *ou employent*.

COMPTE RENDU.

— 71, ligne 13, — lisez : *Vallet* au lieu de *Vallot*.
— 72, ligne 4, — lisez : *Vallet* au lieu de *Vallot*.
— 75, ligne 18, — lisez : *Janin* au lieu de *Jamin*.
— 92, ligne 14, — lisez : *quels* au lieu de *quel*.
— 99, ajoutez à la liste des membres du jury les noms de MM. le
    colonel Moron, Brulé, Thouet, de Saint-Jean, etc.
— 114, ligne 14, — lisez : *Froger* au lieu de *Frogé*.
— 124, ligne 12, — lisez : d'*Angers* au lieu d'*Angets*.
— 126, ligne 23, — lisez : *Mazé* au lieu de *Mozé*.
— 136, ligne 10, — lisez : *clos des Vergères* au lieu *des Vergères*.
— 136, ligne 24, — lisez : *Chevelure* au lieu de *Chevelue*.

TABLEAU SYNOPTIQUE.

— 148 (*bis*), à la colonne intitulée conservation et durée du vin,
    au lieu de récolté en 1847, lisez en 1842.

ORDRE DES MATIÈRES.

INTRODUCTION.

Un incident imprévu a donné lieu à ce travail. Au commencement de l'année 1849, l'administration départementale crut devoir soumettre à la chambre consultative des arts et manufactures d'Angers, plusieurs questions d'intérêt public et local ; l'une d'elles était relative à l'état de souffrance et de crise commerciale de nos produits vinicoles, dont le manque de placements et de débouchés allait en amoindrissant de plus en plus et la valeur vénale et la consommation. L'administration demandait alors, quels pourraient être les moyens actuels de renouer nos anciennes relations avec la Hollande et la Belgique ; et de provoquer de nouveaux placements. soit en Angleterre, soit partout ailleurs.

Afin de donner suite à cet acte d'uue initiative, il faut bien le dire, toute pleine d'ailleurs de sollicitude et de bonnes intentions pour les intérêts du pays, la chambre consultative chargea l'un de ses membres de la renseigner sur ces questions, et de lui présenter un rapport.

Dès que M. le Préfet [1] du département, d'abord, puis M. le Ministre [2] de l'Agriculture et du Commerce ensuite, eurent pris connaissance du mémoire ou rapport de la chambre consultative, ils s'empressèrent tout aussitôt, et itérativement, [3] de renvoyer les documents en question [4] à l'examen et à l'appréciation de la Société nationale d'agriculture, sciences et arts d'Angers, avec invitation expresse de leur faire parvenir dans le plus bref délai, et son avis motivé, et ses conclusions ou solutions sur le sujet.

Ainsi mise en demeure, la Société d'agriculture nomma immédiatement une commission, dont le rapport [5] après avoir été communiqué, discuté et adopté par la Société, puis déposé entre les mains de M. le Préfet, fut aussitôt transmis à M. le Ministre de l'agriculture. Il est évident ici, qu'ainsi que nous, ces admi-

nistrateurs aussi éminents qu'éclairés, ne pu-
rent manquer d'être frappés de la manière
dont dans ses solutions ainsi que dans ses développements, les opinions contenues dans ce
mémoire, impliquaient et compromettaient
d'une façon tout à la fois fâcheuse et préjudi-
ciable, jusqu'à ces produits mêmes qu'on avait
précisément, en ce lieu, but et mission de re-
lever de la crise et du discrédit dont ils étaient
déjà frappés. Quoiqu'il en soit, dans le cours
du débat qui eut lieu à cette occasion, l'un
de MM. les membres de la commission, et ré
dacteur en ce moment du présent compte-
rendu, crut devoir proposer, comme l'une de
ces preuves irrécusables et matérielles, on ne
peut plus propres à justifier et à mettre en parfaite évidence toutes les assertions contenues
dans le rapport de la Société, de joindre à
l'exposition des produits horticoles qui devait
incessamment avoir lieu, une exposition aussi
entière et aussi complète que possible, de tous
les produits vinicoles du département. Puis
enfin et comme complément de cette sorte
d'enquête et de statistique spéciale et nouvelle,
il crut devoir proposer en outre, la dégustation ainsi que l'appréciation officielle et publique de tous les vins exposés. Ces diverses
propositions ayant été adoptées, une commis-

sion d'organisation mixte fut à l'instant désignée, et dut tout naturellement se composer
des membres de la commission vinicole de la
Société mère, puis de la commission d'exposition des produits horticoles du Comice. Cette
exposition générale reçut alors le nom d'exposition des produits horticoles et vinicoles
du département de Maine-et-Loire.

La commission d'organisation se mit aussitôt à l'œuvre, et s'empressa de publier des
programmes [6] et circulaires, [7] destinés à faire
connaître le but, ainsi que l'époque des différentes opérations dont nous venons de parler.
Ces divers modes d'appel et de publicité,
furent simultanément adressés à MM. les mi-
nistres de l'agriculture, de l'intérieur et de
l'instruction publique; à MM. les membres de
la Société nationale et centrale d'agriculture
et d'horticulture de Paris; ainsi qu'aux diverses sociétés agricoles, œnophiles et autres
de la capitale et des départements; à MM. les
consuls et chargés d'affaires des différents Etats
du Nord avec lesquels nous sommes plus ou
moins en relations commerciales; aux consu-
lats et aux chambres de commerce des différents ports de mer et ville maritimes et commerciales, qui exportent et qui consomment
la plupart de nos produits agricoles et indus-

t riels; enfin aux diverses associations et nota-
bilités plus ou moins œnologiques et spéciales,
avec lesquelles nous sommes en relations ha-
bituelles, ou en correspondances bienveillantes
ou scientifiques, etc. Rien ne fut négligé, en
un mot, pour donner à cette enquête et à
cette solennité aussi neuve qu'utile d'ailleurs,
tout le retentissement et toute la publicité
désirables.

C'est donc de tout ce qui a eu lieu à ce sujet, que nous avons en ce moment devoir et
mission de rendre compte au public, aux intéressés, ainsi qu'à ceux dont nous avions
l'honneur d'être ainsi les représentants et les
délégués. Nous arriverons tard, beaucoup trop
tard sans doute, au gré de nos propres désirs;
mais lors que l'on saura toutes les difficultés,
tous les obstacles, et tous les incidents sans
nombre, que nous ne pouvions manquer de
rencontrer sous nos pas, on aura, nous l'espérons, quelque indulgence pour un travail qui,
s'il n'est pas aussi complet que nous l'eussions
désiré, n'en offrira pas moins une sorte d'in
térêt quelconque.

En résumé, s'il nous était pourtant permis
de mettre ici en regard des résultats aussi
nombreux que satisfaisants que nous n'en
avons pas moins obtenus, ce qui a été fait et

tenté dans le même but , par les Congrès vinicoles d'Allemagne et de France, ainsi que par diverses autres Sociétés et réunions œnophiles telles quelles, assurément, et nous devons le proclamer ici, nous ne pourrions que nous enorgueillir de la comparaison. Les généralités œnologiques et viticoles dans lesquelles il nous était indispensable d'entrer, ont moins pour but un traité de ces matières que l'intention de bien faire apprécier et comprendre à ceux de nos lecteurs qui ignorent nos localités, les différents et nombreux objets dont nous avons à les entretenir. D'une autre part en définissant, et en précisant bien ici notre situation vinicole actuelle, il en résultera que notre travail pourra servir, à l'occasion, comme de point de départ et de comparaison, quant aux modifications, aux progrès ou aux améliorations à venir. Ce rapport avait aussi et principalement pour objet, de payer notre tribut local et intéressé à la grande enquête présentement ouverte à l'Assemblée nationale législative, sur l'importante et grave question des vins, enquête et solutions qui nous importaient d'ailleurs et si éminemment entre tous.

Loin de nous la prétention d'avoir rien inventé, ni d'avoir rien découvert de bien nouveau, dans cette matière; ce que nous en publions, nous l'avons en grande partie emprunté ainsi que nos devanciers, à l'observation, à l'étude et aux faits, tels que pour la plupart ils ont été imprimés et consignés dans nombre de publications et d'ouvrages [8] que nous n'en indiquerons pas moins comme un souvenir, et comme un hommage rendu à la mémoire de nos collègues et de nos concitoyens. Nous croyons seulement devoir faire observer à ce sujet, que si nous avons jugé à propos de tenir scrupuleusement et religieusement compte de tout ce qui a été reconnu juste et vrai sous ces divers rapports, conformément aux résultats de notre enquête; nous n'avons pas cru devoir mentionner avec moins de rigueur et d'impartialité, les omissions, les contradictions ou les erreurs que cette même enquête collective et publique, sont venues à leur tour, compléter ou rectifier.

NOTA : Les petits chiffres interlignés qui précèdent, ainsi que ceux qui se trouveront dans la suite, sont des chiffres renvois, correspondant à ceux des pièces et documents que nous avons cru devoir placer à la fin de cette publication.

GÉNÉRALITÉS

SUR

LA VITICULTURE ET L'OENOLOGIE.

Le département de Maine-et-Loire est situé entre les 46° 59, et les 47° de latitude septentrionale, entre le 2° 6, et les 3° 42 de longitude occidentale : il a pour limites au Nord le département de la Mayenne ; au Nord-Ouest celui d'Ille-et-Vilaine ; au Nord-Est celui de la Sarthe ; à l'Est il touche le département d'Indre-et-Loire ; au Sud-Est celui de la Vienne ; au Sud celui des Deux-Sèvres ; au Sud-Ouest celui de la Vendée ; et à l'Ouest le département de la Loire-Inférieure ; il est donc de toutes parts, compris dans cette portion de la France si bien caractérisée agricolement parlant sous le nom d'Ouest.

Aperçu géographique.

Sous ce rapport, ce même département est encore placé dans la troisième des zônes agricoles, entre lesquelles on a cru devoir partager les cultures et les productions de la France ; c'est-à-dire, entre deux lignes, en de çà et au-delà desquelles on ne cultive en grand ni maïs, ni vignes ; et c'est sur les limites, les plus Ouest de cette dernière, que notre département se trouve précisément situé.

La superficie de Maine-et-Loire est de 72 myriamètres carrés, et sa plus grande largeur de 11 myriamètres ; il représente à peu près la 63eme partie du sol de la France, et la 62eme environ de sa contenance viticole ; il dépasse de plus de 10 myriamètres carrés la moyenne des 86 départements. Le beau fleuve de Loire et trois de ses principales rivières divisent ce département, à sa partie supérieure, en quatre grands et riches bassins, et plateaux, dont les sols variés et divers produisent toutes les sortes et natures de plantations et de cultures possibles sous cette zône. Les versants de toutes les eaux, et des bassins, dont nous venons de parler, ont presque tous leurs directions du Nord-Nord-Est, Est-Nord-Est, Est et Est-Sud-Est, à l'Ouest : tandis que les pentes et côteaux qui en dépendent, et sur lesquels sont particulièrement plantées et cultivées la plus grande partie de nos vignes, leur offrent ainsi d'innombrables expositions et accidents de terrains de toutes sortes, on ne peut plus propices pour l'acclimation, et la culture de nos divers cépages. La température du département de Maine-et-Loire, qui constitue jusqu'à un certain point son climat, est en moyenne, comparée à celle de la France qui varie entre 9° et 14° centigrades, de 11° à 12° environ ; elle serait en outre, et selon certains observateurs, de 3° 68 pour l'hiver, et de 18° 60 pour l'été. Le maximum annuel de la température est en été d'environ 34° ; et le minimum en hiver de-8 à-10°, bien que depuis un cer-

tain nombre d'années, elle ne soit guère descendue à
notre connaissance, qu'à peine au-dessous de 4 à 5 degrés centigrades, abaissement qu'elle n'a même pas
encore atteint cette année et au moment où nous parlons, 8 février 1851.

Du reste, et c'est ici l'occasion de le dire, il ne fau-
drait pas croire que la météorologie scientifique, et
la météorologie agricole, fussent appelées à procéder
de la même manière : en effet, tous ces calculs de moyenne, de *maximum* et de *minimum*, dont se paye et
se contente si facilement la première, sont le plus souvent fort peu utiles et fort peu importants pour l'a-
griculture et surtout pour la viticulture, auxquelles il
importe bien plus de savoir à quelle époque de l'année les pluies et les chaleurs ont l'habitude de se
montrer avec plus ou moins de régularité, ainsi
que le degré d'intensité et d'abondance avec lequel
elles sont appelées à se succéder et à se produire pour
que les cultures et les fruits de la vigne soient aussi
abondants que remarquables ou satisfaisants. Sous ce
rapport, il n'est pas de vigneron qui ne sache parfaitement, que telles ou telles alternatives de sécheresse
ou d'humidité, pendant le développement, la floraison, la
fructification de la vigne et la maturité du raisin sont
des conditions qui influent d'une manière plus ou
moins favorable sur les résultats et les produits de ses
cultures.

Les pluies étaient jadis assez régulières et assez
abondantes en Anjou, pendant certains mois et certaines saisons de l'année, à l'époque des équinoxes
par exemple : aujourd'hui elles se montrent avec beaucoup plus d'irrégularité, et indifféremment à toutes les
époques sans exception : autant en dirions nous aussi

des vents régnants, qui chez nous étaient particulièrement les vents d'Ouest, dont tous les autres vents ba-
lancent aujourd'hui la prédominence, avec une mo-
bilité et des caprices aussi sensibles qu'inexpliquables.

Le froid et la chaleur, à leur tour, n'ont plus maintenant leur place régulière et fixe dans leurs saisons
normales et respectives ; tandis que l'un et l'autre se
font également remarquer et ressentir, à des époques
qui, jadis encore, savaient nous en préserver, et les
exclure. Il n'est plus aujourd'hui que les grands
vents, les bourrasques et les orages, que l'on voit faire
invasion et se produire impunément dans toutes les
saisons, et qui se soient véritablement multipliés et
reproduits en beaucoup plus grand nombre que par le
passé. En un mot pour nous du moins et pour notre département, la division de l'année en quatre saisons est
en ce moment un mot vide de sens ; le froid, le chaud,
le sec et l'humide, ne pouvant plus de nos jours être
classés et enregimentés d'une manière plus ou moins
absolue dans des catégories ou saisons climatériques
quelconques ; toutes ces choses sont tellement inter-
verties et mêlées, dans leurs divers modes de temps,
d'existence et de durée ; tout y est à la fois si varia-
ble et si mobile, qu'il n'y a plus possibilité, selon nous,
de leur imposer désormais des bornes et des limites
régulières et numériques aussi arbitraires que systé-
matiques et contraires aux faits. A cela on nous dira
probablement vous pensez alors que les saisons sont
changées, qu'il y a révolution dans nos températures
et dans nos climats ? oui parfaitement, sommes-nous
prêts à répondre. Alors nos savants météorologistes
nous opposent et leurs chiffres et leurs calculs, desquels il résulte que leur moyenne de température étant

toujours la même chaque année , quoi qu'il en soit, il n'a pu, ni du, y avoir nulle part, ni interversions ni perversions dans l'ordre ainsi que dans la succession des différents phénomènes plus ou moins propres à telles ou telles saisons de l'année. Nous dont les chiffres non moins rigoureux, et non moins probants, sont les semences et les cultures que nous sommes obligés de livrer, quand même, aux hasards et aux instabilités de ces si capricieuses et si mobiles saisons, permettez nous donc d'en tirer d'autres conséquences que vous.

Enfin, et s'il n'en était pas ainsi que nous le disons, comment nous expliqueriez vous donc l'acclimatation et la culture en pleine terre d'une foule d'arbres, d'arbustes, et de plantes diverses et nombreuses d'utilité et d'agrément, que sous nos anciennes constitutions humides et froides, personne alors n'eût osé cultiver et n'eût pu produire, ainsi qu'on le fait aujourd'hui, avec autant de succès que d'abondance? Voilà des faits flagrants, des faits matériels et palpables que chaque jour on voit éclore sous nos yeux et sous nos pas, et à l'appui desquels il ne nous serait même pas besoin d'appeler en témoignage, toutes ces générations d'observateurs et de praticiens aussi consciencieux qu'éclairés.

D'ailleurs, et nous le dirons ici en terminant, cette sorte de constitution atmosphérique, plus ou moins anormale et passagère, est améliorée, chez nous, par l'immense quantité de vapeurs chaudes et humides, que les vastes bassins d'évaporation dont nous avons précédemment parlé répandent abondamment autour d'eux, et par le voisinage et l'influence manifeste et sensible des côtes de l'Océan, à peine distantes de 12 myriamètres au plus. Les détails climatologiques, dans lesquels nous avons cru devoir entrer ici, nous ont paru aussi utiles qu'indispensables pour bien faire apprécier à ceux de nos lecteurs qui les ignorent, quelques unes des premières et principales causes appelées à influer incessamment, et d'une manière plus ou moins bienfaisante, ou plus ou moins fâcheuse, sur les cultures ainsi que sur les produits agricoles, viticoles, et horticoles du département que nous occupons !

De la Vigne en Anjou.

Nous ne remonterons point ici jusqu'aux temps bibliques, ou jusqu'à la fable, pour consacrer l'antique et primitive origine de la vigne sur la terre ; nous nous bornerons à invoquer, en ce qui nous concerne, la tradition et l'histoire qui nous apprennent seulement que, suivant Plutarque, la vigne fut importée dans la Gaule par un Toscan banni de Clusium ; Domitien fit arracher toutes les vignes plantées dans les Gaules ; deux siècles après vers l'an 282, Probus permit d'en replanter. Mais les Gaulois abusèrent de la permission, et sans consulter le sol, l'exposition, le climat où prospère la vigne, ils en plantèrent jusques dans les provinces les plus septentrionales, ce qui produisit un vin détestable, parce que le raisin ne pouvait parvenir à une parfaite maturité.

Son origine.

Ainsi continuèrent, ou laissèrent faire à leur tour, les premiers peuples et les premiers rois de la monarchie française. Le roi Philippe-Auguste entre autres, possédait des vignes à Laon, à Soissons, à Verberies, à Beauvais, etc. L'auteur des fabliaux représente le chapelain de ce prince, *cervelle un peu folle, exorcisant formellement l'étole au cou, toute boisson faite en Flandres, en Angleterre, et par delà l'Oise.*

François Ier croyant avoir du vin de Chypre en faisant venir du plant de cette île, fit planter près de Fontainebleau, et à Couci dans le Soissonnais, deux vignes formées de ceps venus de Chypre et de la Grèce : mais il n'obtint que du vin de Fontainebleau et de Couci. Il y a une opinion assez commune sur laquelle il est bon de donner quelques éclaircissements ; elle est relative à la réputation du vin de Surènes, village situé sur le bord de la Seine, à deux lieues de Paris. On croit communément que le vin produit par les vignes plantées près de ce village, a jadis été d'une bonne qualité, et que même il a paru sur la table de nos rois. Voici ce qui a donné lieu à cette opinion. Il y a aux environs de Vendôme dans l'ancien patrimoine de Henri IV, une espèce de raisin, que dans le pays on appelle Suren, il produit un vin blanc très-agréable à boire, que les gourmets conservent avec soin, parce qu'il devient meilleur en vieillissant. Henri IV faisait venir de ce vin à la cour ; il le trouvait très-bon. C'en fut assez pour qu'il parût délicieux aux courtisans et l'on but pendant le règne de ce monarque du vin de Suren. Il y a encore dans le Vendômois un clos de vigne qu'on appelle clos de Henri IV. Louis XIII n'ayant point pour le Suren, la prédilection du roi son père, ce vin passa de mode et perdit sa renommée. Dans la suite on crut que c'était le village de Surènes, qui avait produit le vin qu'on buvait à la cour ; la ressemblance des noms avait causé cette erreur.

Pendant toute la durée des époques et des temps dont nous venons de parler, aucune législation, aucune ordonnance, aucun réglement d'administration publique, ne furent établis pour l'organisation et la surveillance du domaine, et du sol viticole en France, dans ses rapports proportionnels avec le sol agricole proprement dit, leur étendue ou leur invasion réciproque et relative. L'histoire des grandes épidémies, des famines, et de toutes les calamités du moyen-âge, nous font cependant connaître combien il eût été utile à cette époque, de soumettre le système économique, appelé à régir les lois de la production et de la consommation, à certaines règles de proportionnalité et de pondération aussi sages que prévoyantes d'ailleurs.

C'est ainsi que nous arrivons jusqu'en 1789, à cette époque la vigne occupait en France, 1,555,000 hectares; en 1816 un agronome éminent et distingué en comptait 2,080,069 hectares; enfin, en 1850, et au moment où nous écrivons les documents officiels les plus authentiques et les plus récents, en constatent 1,972,340 hectares. C'est à dire la 26ᵉᵐᵉ partie de la surface totale de la France, et la 10ᵉᵐᵉ de ses cultures agricoles.

Dans ce mouvement général de la viticulture en France, le département de Maine-et-Loire, à son tour, semble lui aussi être resté plus ou moins stationnaire; voici les chiffres qui le résument du reste, et quant à l'état actuel, d'une manière à quelque chose près identique. M. de Beauregard dans la première, ainsi que dans la deuxième édition de la statistique de notre département, évalue sa contenance vinicole à 30,100 hectares. M. Oscar Leclerc dans son si remarquable et si important ouvrage sur l'agriculture de l'Ouest, en accuse de son côté 31,300 hectares.

Enfin il résulte d'un calcul fait d'après la contenance de chacune des communes comprises au tableau statistique ci-joint [9], que notre chiffre à nous, assez peu différent toutefois de ceux qui précédent, est seulement de 29,434 hectares. Maintenant si nous acceptons par exemple le chiffre rond de 30,000 hectares, notre contenance vinicole comparée à celle de la France en sera la 75eme partie; comparée à la superficie du département qui est d'après le cadastre de 712,509 hectares elle en sera alors la 23eme partie environ. Cette quantité de vignes, se trouve répartie ainsi qu'on le verra bientôt dans 277 communes sur 389; principalement sur l'arrondissement de Saumur et celui d'Angers; en moindre quantité sur celui de Baugé, et la portion riveraine de celui de Beaupréau; l'arrondissement de Ségré n'en contient que quelques traces du côté de Sceaux, Miré et Châteauneuf.

Les vignobles de l'Ouest, et du Nord-Ouest, sont les moins estimés; ils donnent des vins blancs peu généreux qui offrent plus ou moins d'analogie avec ceux de la Loire-Inférieure; ce n'est guère qu'à la hauteur de Montjean sur la rive gauche, et de Saint-Georges sur la rive droite de la Loire, qu'ils acquièrent une réputation qui va toujours croissant vers l'Est et le Sud-Est, jusque sur les coteaux de Saumur et les rives du Layon, dans la direction de Faye, Rablay, Beaulieu, etc.

La vigne se rencontre ici, sur des terrains de nature très-différente : dans la portion méridionale du Saumurois, ils contiennent généralement du calcaire mélangé en quantités très-variables à des sables ou des graviers siliceux et de l'argile; les plus estimés pour la qualité des vins sont les sols légers très-riches en chaux carbonatée.

Géologie viticole.

2

Sur les bords du Layon, on trouve également des vignobles calcaires ; il en est d'autres argilo-siliceux, plus ou moins colorés par l'oxide de fer, et divisés par des fragments pierreux. Aux approches de la Loire sur les côteaux de la Haye-longue, une argile riche en sables séparables, contient en outre une très-grande quantité de cailloux quartzeux, plus à l'Ouest on a placé des vignobles sur les argiles compactes produites par la décomposition des schistes rouges et violacés, cette disposition géologique se montre à Chalonnes tout aussi bien qu'à Savenières, et à la coulée de Serrant.

Enfin dans la partie Nord-Est de l'arrondissement de Saumur la silice domine, tantôt les terres sont à base de sable plus ou moins graveleux ; tantôt à base de sables légèrement argileux ou calcaires. En général les vignobles situés en des fonds perméables accessibles à l'air, et qui n'ont pas une grande capacité pour l'eau, donnent des vins de meilleures qualités que les autres : mais ils en donnent moins, et durent moins longtemps ; on les estime principalement du côté d'Allonnes, Brains et Neuillé, pour les cépages à fruits rouge. Les argiles plus ou moins tenues conviennent mieux aux cépages à fruits blancs.

Dans les sols profonds et substantiels, la vigne vit sensiblement plus longtemps, que dans les terres qui reposent à une assez faible profondeur, sur un sol complétement imperméable.

Selon la nature des terres les vignes de l'Anjou donnent des produits dès la troisième, quatrième ou cinquième année et successivement et de plus en plus jusques à la septième ou huitième ; elles commencent à entrer dans toute leur force de production et de

Production et longévité.

végétation de la quinzième à la vingtième année ; parfois cette production se soutient ou s'augmente progressivement encore jusque vers la trentième ou quarantième année, suivant le sol ou les soins de culture et d'entretien qu'on lui prodigue ; arrivées à cet âge elles restent plus ou moins stationnaires, ou commencent à dépérir conformément aux conditions de culture et de cépage dont nous avons précédément signalé l'influence à cet égard ; quoiqu'il en soit et dans les meilleures conditions dont il s'agit, la vigne n'en vit pas moins chez nous cent ans et plus, et nous avons même sous ce rapport des vignobles plus que séculaires dont les plus anciens propriétaires et vignerons n'ont jamais connus l'origine, il y a même aussi le long des murs de nos jardins et de nos plus anciens manoirs des treilles qui ont aussi vu passer plusieurs générations.

Deux modes ou procédés de plantation sont assez généralement employés en Anjou :

Le premier qui l'est presqu'universellement consiste à planter à plein, par carrés, placards, ou planches de longueur, de largeur ou de dimension plus ou moins arbitraires et variables ; de manière à ce que chaque brin de plant, soit le plus ordinairement espacé en tous sens de 1 mètres à 1 mètre 33 du côté de la tombe.

Pour procéder à ce mode de plantation, on creuse indifféremment et selon les exigences et les difficultés du terrain, des fosses ou tranchées verticales à la longueur de la planche ; ou des gots ou poteaux, ainsi ouverts en lignes et plus ou moins parallèles, toujours en rapport du reste avec la forme et avec l'étendue qu'on veut donner au terrain à planter ; souvent aussi par

système, économie ou impossibilité de faire autrement
ou pratique des trous ou gôts à la barre de fer ; dans
chacune des fosses ou cavités, dont nous venons de
parler, on met à la distance précedemment indiquée
de 1 mètre dans un sens et 1 mètre 33 dans l'autre
un brin de plant ou chevelu qu'on place en ligne sur
le bord du got en ayant soin de lui donner une inclinaison de 35 à 40 dégrés et de plus un enfouissement
souterrain de trois nœuds environ, de telle sorte qu'une
fois taillé et rabattu, deux yeux ou nœuds puissent être
à leur tour conservés au dehors. Les brins ainsi placés,
on commence par remplir les fosses ou gôts avec des
terreaux ou amendements plus ou moins en rapport avec
le sol et le cépage employé ; c'est ce qu'on appelle
en termes du pays *gorger* la plante ; après quoi on rem-
plit et on nivelle avec la terre superficielle environ-
nante, que quelques propriétaires ou vignerons em-
ploient et à l'exclusion de tout autre amendement ou
fumure, dont ils n'usent alors que plus tard, et ultérieurement. Dans les terrains schisto-argileux et autres
humides et froids on se trouve assez bien d'un compost formé de terre de transport ou de fossés, de fu-
mier de cheval et de cendre de chaux avec ses groas
ou pierrailles, béchés et mêlées ensemble. Dans les
terrains calcaires, les fumiers terrés, et les enfouisse-
ments végétaux plus ou moins profondément pratiqués,
sont considérés comme préférables.

Dans certaines parties de l'arrondissement de Saumur, rive gauche de la Loire, et particulièrement dans
quelques crus d'élite, ce mode de plantation se fait
parfois en deux temps, c'est-à-dire, que la première
année, on ne plante que la moitié de son terrain, en
ayant ainsi soin de laisser entre les rangs, et dans un

certain sens, de 2 mètres 50 à 2 mètres 60 c., un espace que l'on plante plus tard et de la même manière,
mais cette fois au moyen du provignage dont on em-
prunte chaque brin ou sujet, à la vigne primitivement
plantée, la première, la deuxième ou la troisième année,
et plus s'il y a lieu, suivant la force de végétation et de
reproduction spéciale du plant primitif; jusque-là des
cultures intermédiaires et variées viennent préparer et
enrichir le sol, et dédommager ainsi le propriétaire.

Lorsqu'au lieu d'avoir affaire à des terrains plus
ou moins planes ou plats, il s'agit au contraire de planter ainsi que nous venons de le dire, dans des terrains
très en pente, très-inclinés, très-abruptes même, ainsi
qu'il en existe sur les rives et coteaux de la Loire et
du Layon; alors, et de temps immémorial, on était
chez nous dans l'habitude de planter en carrés, en
compartiments, en placards superposés, ou autrement
dit, en terrasses, dont chacune était simultanément et
successivement soutenue par de petites murailles ou
de petits talus, formés autant que possible avec les
pierres ou les terres convenablement disposées et plantées dans ce but. Tout cet ensemble et cette disposition de terrain et de travaux, formait ici un véritable
système de défense et de conservation aussi naturel,
qu'intelligent et bien entendu; c'est de la sorte que
les plantations de nos coteaux se trouvent préservées et
défendues contre ces pluies abondantes, et ces eaux
torrentielles, qui ravagent si souvent nos vignobles et
les ruinent de fond en comble en provoquant ces ébou-
lements de terres qui entraînent dans leur chûte, et
déracinent sur leur passage tous les ceps qu'ils rencontrent.

On a indiqué, il y a quelques années, ce mode de

plantation comme nouveau pour notre pays, auquel
on en proposait l'application et l'exemple, à l'instar de
de ce qui se pratique dans certains autres vignobles
de la France et de l'étranger. C'était donc une erreur
de croire que nous ayons ignoré un procédé d'ailleurs si naturel et si indispensable pour la culture des
vignes en coteaux. En résumé, il en reste encore des
preuves anciennes et nombreuses dans tous les vignobles de l'Anjou, et si dans beaucoup d'endroits par
suite du morcellement, par cupidité, ou par d'autres
raisons, ainsi que nous, par exemple, on a cru devoir
supprimer ou laisser supprimer par les vignerons ces
dispositions utiles et conservatrices, ainsi que nous aussi, on y reviendra partout forcément et nécessairement.

Les divers modes de plantations que nous venons
de mentionner sont également employés pour la vigne
rouge et pour la vigne blanche ; seulement pour la première presque toujours, et parfois pour la seconde aussi
on employe des échalas ou paisseaux, qui sont appelés
à modifier ainsi quelques-unes des parties relatives
aux façons, à la conduite, ainsi qu'à la taille des cépages employés. La vigne reçoit annuellement des façons nombreuses et délicates, qui se résument à peu
près dans les suivantes pour les sortes de vignes dont
nous venons de parler : 1° en novembre ou décembre,
on *raise* ou autrement on creuse les séparations ou
rigoles existant entre les planches, pour l'écoulement
des eaux ; 2° en décembre, janvier février, et quelquefois en mars suivant les lieux, les années, la nature et
l'exposition des vignes et cépages, on taille ; 3e en
mars et avril, on bêche la tombe, on déchausse la
vigne et on l'émousse ; 4° en mai et juin on rabat les
tombes, on rechausse la vigne, c'est-à-dire, qu'on ra-

Façons
de la vigne.

mène au pied de la vigne une quantité de terre suf-
fisante, convenablement préparée et nivelée avec
soin; en même temps on ébourgeonne et on supprime
toutes les pousses vagabondes et parasites, qui en-
vahissent le cep aux dépends du bois et des membres à
conserver; on fait la chasse aux animaux et aux insectes nuisibles, qu'on détruit autant que possible;
enfin on paisselle, on opère du reste, et de telle sorte,
que toutes ces opérations puissent être terminées au
15 juin au plus tard; attendu que pendant la floraison, qui a lieu d'ordinaire du 20 juin environ au 8 ou
10 juillet, on ne doit ni façonner ni parcourir la vigne
pour quoique ce soit, ce phénomène ayant besoin d'un
repos aussi absolu que complet; 5ᵉ en juillet et août
après la floraison, on effouille, opération délicate et capitale qui la plupart du temps est confiée aux mains
inintelligentes ou étourdies des femmes et des jeunes
filles, tandis qu'elle devrait toujours être faite par le
vigneron chargé de la conduite et de la direction des
cultures dont il s'agit.

Le second mode de la plantation de la vigne en
Anjou est ainsi que nous l'avons dit, une exception,
mais une exception importante et significative, qui a
seulement lieu dans quelques cantons de l'arrondissement Est-Nord-Est, de Saumur sur la rive droite de
la Loire et dans des terrains d'alluvion, dits terre de
vallée, en grande partie siliceuse, ou silicéo-calcaire,
terres riches et fécondes, où toutes les cultures peuvent ainsi se multiplier et s'entasser sans inconvénients. Là, les plantations se font par rangées espacées
de telles sortes, qu'entre chacunes d'elles, des cultures
de céréales, de plantes légumineuses ou textiles, ont
aisément lieu, et réussissent à merveille. L'espace

entre ces rangées peut varier depuis trois, six, jusqu'à vingt mètres et plus.

Ici pour planter dans un terrain si léger et si perméable à l'eau, il faut creuser des fosses *ou tranchées* depuis 60 c. jusqu'à 1 mètre 20 c. de profondeur, et dans ces fosses on plante des chevelus de deux à trois ans de pépinières, à la distance de 70 c. à 1 mètre 30 c. entre chaque brin, qu'on enfouit à trois nœuds de profondeur, en ayant soin, de rabattre chaque brin à deux nœuds seulement en dehors; indépenamment de la fumure du sol environnant, on procède souvent à cet égard, soit en les plantant, soit en les cultivant, à l'en fouissage de litières de paille, chaume, bruyère, ajoncs, genêts, épines et broussailles, etc., dont les détritus. ont été depuis longtemps reconnus et appréciés comme utiles et bons dans de semblables terrains et conditions de cultures. Les façons annuelles que l'on donne à ces sortes de vignes, où l'on trouve des cépages rouges ou blancs sont les suivants : 1° la taille dans le pied après la chute des pampres; 2° le renfouissage en décembre; 3° le déchaussement en mars; 4° la taille en décembre ou mars; 5° les recépages ou paisselages; 6° le pliage du 15 mai au 15 juin; 7° le second renfouissage dans le mois de juin; 8° le relevage et l'accolage au mois de septembre; 9° le retirage aussitôt que les vignes sont relevées.

La plupart des façons dont nous avons parlé précédemment sont pratiquées à la bêche; tandis que dans les plantations en rangées plus ou moins espacées dont il s'agit, presque toutes le sont à la charrue. Quant aux vignes qui sont plantées en plein, et à peu près à la distance de celles qui se cultivent dans le reste du département les ceps n'étant plus ici placés en ligne et parallèlement ainsi que les premières ; elles le sont en quinconces, et de telle sorte que quelques unes puissent encore être labourées à la charrue.

Quelques uns des propriétaires dont les vignes se cultivent ainsi en rangées, indépendamment des échalas ou paisseaux propres à soutenir et à étaler leurs branches et rameaux, intercalent en outre des plantations d'arbres fruitiers de toutes sortes, poiriers, pruniers et autres ; autour du tronc et des branches desquels la vigne vient, à son tour, suspendre ses rameaux, et ses fruits. Ces vignes n'ont toutefois, dans les conditions ordinaires, pas plus de 2 mètres 30, à 2 mètres 50 c. de hauteur.

Pour le remplacement, ou l'entretien d'une vigne plantée dont chaque année quelques brins viennent à périr ou à être détruits, par l'âge, la maladie, ou d'autres causes, outre le provignage et la replantation par crossete ou chevelu, qui s'employent le plus ordinairement, quelques personnes ont essayé de réhabiliter la greffe, opération connue depuis longtemps et depuis longtemps aussi décrite dans nos plus anciens ouvrages d'agriculture. C'est M. le général Delaage, notre collègue, qui le premier l'a faite le plus en grand, et qui l'a décrite dans les mémoires de notre Société. Depuis lors, un grand nombre de propriétaires ont aussi essayé par la greffe de substituer un cépage à un autre, de couleur et d'espèce différente ; ou par ce moyen de rajeunir et de raviver une vigne plus ou moins vieillie ou plus ou moins épuisée ; mais jusqu'ici, et quoique les expériences aient été faites sur différents point dans différentes conditions et sur une assez vaste échelle, on peut dire que les résultats n'ont

Provignage et greffe.

pas répondu à ce que chacun en espérait. Ou les sujets mères ou souches, ont péri plus ou moins promptement dans certains cas ; ou ont dégénéré dans certains autres; ou la conservation de la greffe a été rendue plus ou moins délicate ou difficile à raison du mode pratique des labours et façons qu'exige la vigne dans nos contrées ; procédés habituels et indispensables qui amenaient incessamment le décollage d'un plus ou moins grand nombre de greffes ou leur altération inévitable. Ces faits ne constituent pas encore pour nous une solution finale, mais ils sont déjà d'un préjugé aussi fâcheux que réel.

Nous n'entrerons pas ici dans tous les détails pratiques et minutieux de ce qui concerne et les façons et la culture de la vigne, nous l'avons suffisamment indiqué dans la récapitulation qui précède ; toutes ces choses se trouvent du reste, dans les divers ouvrages ou traités spéciaux auxquels nous renvoyons à ce sujet; nous croyons seulement devoir faire remarquer en ce lieu que sous le rapport de la taille, on a cru devoir substituer depuis un certain temps déjà à l'ancienne serpe à deux tranchants, l'emploi du sécateur qui selon nous, et en ee cas, a presqu'été aussi funeste à la vigne qu'à une foule d'autres cultures. Cet avis n'ayant pas prévalu dans le sein de la rédaction est donc ainsi et jusqu'à un certain point un objet resté à l'état de question, et de question grave que nous nous proposons alors de traiter ailleurs; en attendant nous invitons la pratique et l'expérience à multiplier et à faire connaître leurs observations.

Nous ajouterons seulement qu'en ce qui concerne la taille, elle ne peut ni ne doit se pratiquer de la même manière sur une jeune vigne, sur une vigne dans la force de l'âge, ou sur une vieille vigne ; tandis que sous ces divers rapports il y a de plus à considérer la nature et l'espèce du sol où existe et végéte la vigne, ainsi que la nature et l'espèce du cépage auquel le vigneron a lui-même affaire. On sait en outre, que pour obtenir, un même cépage étant donné, ou la qualité, ou la quantité dans les produits, il suffit souvent de tailler soit à long, soit à court bois; et qu'enfin et indépendamment des règles et des principes généraux qui peuvent être appliqués à la taille, il y a presque sous ces divers rapports, autant d'exceptions qu'il y a pour ainsi dire de ceps, de sujets ou d'individus à pousser, à retenir, à compléter et à diriger, lorsqu'on veut opérer avec cette intelligence et ce discernement, aussi utiles qu'indispensables, pour la durée, la conservation, la réputation et le produit d'un vignoble quelconque.

Les pépinières de plants enracinés, de crossettes, chevelu et autres, etc., se rencontrent aujourd'hui dans un grand nombre de communes viticoles du départe‑Pepinières.
ment. Lors de la pacification, après cette si terrible et si désastreuse guerre de la Vendée, pendant laquelle le plus grand nombre de nos vignobles avaient été détruits, arrachés et brûlés pour la plupart, le canton de Saint-Laud d'Angers se trouva presqu'exclusivement à cette époque en position de fournir la plus grande partie des plants qui furent employés à les rétablir; aussi plusieurs des agriculteurs qui se livrèrent à cette industrie, y firent-ils de véritables fortunes.

Aujourd'hui ce même canton de Saint-Laud, qui n'est pourtant pas assurément la terre promise de notre Anjou, fournit encore, non seulement du plant de vigne de toutes sortes, mais il renferme en outre

les parties les plus importantes et les plus considérables, de ces pépinières dont les innombrables et mer-
veilleux produits voint incessamment alimenter les
besoins de la France et de l'étranger : il est de plus le
grenier d'abondance et le jardin où nos agriculteurs
et nos maraichers viennent rechercher à l'envi, nos
semences en céréales, les plus belles et les plus pures,
nos légumes et nos fruits les plus beaux et les plus
succulents, tout cela nous l'avons dit est moins du
encore à la supériorité et à la fécondité de son sol,
qu'à l'intelligence, à l'industrie ainsi qu'à l'économie
agricole de ses pacifiques et laborieux cultivateurs.

Semis.

L'un de nos collègues et concitoyens M. Vibert, à
essayé, depuis bientôt vingt années, la régénération,
telle quelle, de la vigne par les semis, ayant pour but
d'obtenir ainsi et tout à la fois des espèces ou tout au
moins des variétés plus précoces, plus hâtives et
surtout plus rustiques que celles cultivées aujourd'hui
en Anjou ; la solution de ce problême serait en obte-
nant ainsi une maturité plus précoce, d'avoir des
produits meilleurs et plus sûrs, puisqu'on éviterait de
la sorte et les pluies et les temps humides et froids,
qui compromettent si souvent la quantité et surtout
et toujours la qualité et la valeur des produits. M. Vibert a déjà obtenu des résultats aussi satisfaisants
que remarquables, et plusieurs de ces nouvelles espèces ont déjà été signalées et répandues dans le commerce, mais cela n'a eu lieu qu'isolément et sur une
très petite échelle; formons donc des vœux pour que
quelques propriétaires et vignerons aussi intelligents
que désintéressés, expérimentent à leur tour et plus
en grand.

De nouveaux cépages rouges et blancs ont été en

outre introduits dans notre département par plusieurs propriétaires exposants; ils l'ont été avec avantage ainsi qu'on le verra par l'appréciation des produits qui en sont provenus. Ainsi M. de Saint-Jean, propriétaire à Rochefort-sur-Loire, cultive une assez grande étendue de vignes dont le cépage rouge est du plant du fameux vin de Nuits en Bourgogne; presque vis-à-vis et sur l'autre rive de la Loire, M. Guillory aîné, cultive un pinot fin de Bourgogne, qui donne un vin déjà assez remarquable. Sur les bords de la Maine dans le fameux canton vinicole des Fouasssières, M. Lesourd-Delisle, a introduit de son côté le cépage rouge de Sillery en Champagne, lequel lui a déjà donné un vin léger et délicat. Son plus proche voisin M. Soubre, a planté il y a déjà quelques années, et il est en possession d'en fournir plusieurs milliers de plants enracinés, deux nouveaux cépages cultivés avec beaucoup d'avantage dans l'Auvergne son pays natal. Ces deux cépages qu'il a nommés le pinet et le gamet, ont cela de remarquable; et d'important pour nous, qu'ils produisent de très bonne heure et en assez grande abondance dès la seconde et troisième année, et mûrissent ainsi que nous avons pu le constater près d'un mois avant les autres cépages rouges du pays.

Nous invitons donc de nouveau, et ne fût-ce que d'une manière comparative, nos propriétaires et vignerons a expérimenter des cultures intéressantes et nouvelles, qui, si elles réalissaient ce qu'elles nous semblent promettre, seraient assurément de nature à résoudre les plus importantes questions d'économie vinicole qui nous préoccupent en ce moment.

Indépendamment de ces indications particulières,

nous aurons à mentionner ici les noms de tous les cépages producteurs des vins qui ont été adressés à notre exposition. Se conformant à l'un des articles de
notre progamme qui invitaient Messieurs les propriétaires exposants et autres à vouloir bien autant que
possible nous envoyer avec leur produits ou échantillons de vin, quelques grappes et ·parties du bois et
des feuilles des cépages qui les avaient produits,
plusieurs de ces Messieurs, ont eu l'obligeance de
nous adresser le tout à la fois, et la plupart des
autres se sont bornés à nous faire connaître le nom et
l'espèce des vignes cultivées par eux.

Collections du Jardin Fruitier.

C'est cette liste ou catalogue que nous reprodui-
sons en ce lieu. Quant au catalogue des quatre ou
cinq cents espèces de vignes que nous cultivons dans
le jardin fruitier ou d'étude de la Société, dont plus
de deux cents sont des vignes propres à la fabrication
du vin, et que nous propageons gratuitement et chaque
année par la distribution des greffes ou boutures, on
le trouvera joint aux notes ou pièces justificatives,
qui terminent cette publication [10].

Cépages producteurs du pays.

Arrondissement de Saumur : les cépages les plus
généralement cultivés pour la production des vins
blancs de la rive droite et de la rive gauche de la
Loire, sont d'abord : le gros pineau blanc, ou pineau
de la Loire, vulgairement appelé chenin ; le pineau
blanc de Bourgogne, le gros plant, et la folle blanche
s'y rencontrent aussi, mais en très petite quantité et
seulement sur certains points.

Les cépages producteurs des bons vins rouges de
la rive gauche et de la rive droite du même fleuve.
sont d'abord, et en plus grand nombre, le raisin rouge
dit breton ou véronais ; c'est ce cépage qui fait la base

des vignes en question, quelques propriétaires l'ont mêlé avec le côt de Touraine ; l'un des clos les plus importants de Champigny-le-Sec, le clos des Cordeliers nous a été indiqué comme entièrement planté en pineau rouge de Bourgogne, dont on retrouve aussi le cépage sur plusieurs autres points du même arrondissement, ainsi que le gros gamet et le balzac.

Arrondissement d'Angers : les cépages qui produisent le plus grand nombre de nos vins blancs, sont le pineau blanc dit de Bourgogne, et le pineau franc de Saint-Laud d'Angers ; ceux qui produisent presque tous nos vins rouges sont d'abord et presqu'exclusivement le pineau rouge de Bourgogne, que quelques propriétaires ont mêlé avec plus ou moins d'avantage avec les rouges d'aunis, de Saintonge, le côt de Touraine. Quelques cultures isolées et remontant plus ou moins loin, quant à leur origine, ont eu lieu avec des plants de Bordeaux, de pineau fin de Bourgogne, de Nuits et de Sillery en Champagne, etc.

Arrondissement de Segré et de Baugé : presque toutes les vignes produisant les vins rouges et blancs de ces pays, sont le pineau blanc, et le pineau rouge de Bourgogne.

En résumé, les cépages producteurs de nos meilleurs vins blancs des bassins et plateaux de la Loire et du Layon, dans le bas Anjou, sont toujours et partout le pineau blanc de Bourgogne et le pineau franc ce dernier dont la grappe et le grain sont plus gros donne néanmoins un vin de moindre qualité que le premier. Au point de contact du premier de ces bassins avec la Loire-Inférieure, le gros plant et le muscadet, viennent ici se substituer au pineau qu'on ne trouve plus guère au-delà. Au travers de ces divers cépages blancs et rouges se trouvent plus ou moins accidentellement épars pour les cépages blancs le gouais, le mêlier, le fié blanc, le fié jaune, le doux blanc ou blanc doux, la folle blanche, etc.; et pour les rouges, le gros plant ou complant de lune, le côts rouge, le côts de la Touraine, le gros rouge, le teinturier, le cassis, le gros meunier, le taconnet ou petit meunier, etc.

Nous ne pouvons terminer ce chapitre sans parler des ennemis et des fléaux de la vigne et de ses produits : ils sont de deux sortes ceux qui se rapportent à certains phénomènes météorologiques, et ceux qui tiennent à la présence passagère ou permanente, d'animaux, d'oiseaux et d'insectes de diverses natures et de diverses espèces.

Parmi les phénomènes atmosphériques, les orages, les trombes, les ouragans, les gelées, la grêle la bruine ou brime, les pluies abondantes et continues, dont la plupart provoquent ou facilitent la coulure; les vents brûlants et desséchants de l'est, une chaleur extrême et prolongée, des froids insolites et tardifs, etc. sont des fléaux qui portent souvent la ruine et la dévastation dans la plupart de nos vignobles, dont quelques-uns y sont du reste plus ordinairement exposés que les autres. Contre de tels fléaux il y a peu de remède, on en a indiqué plusieurs pour décharger les nuages qui portent dans leurs flancs et la grêle et la foudre, mais pour la plupart ils ne sont guère sous la main, ni à la disposition de l'agriculteur et du vigneron. Nous croyons seulement devoir rappeler comme applicable et possible, le moyen indiqué par Chaptal pour conjurer les effets aussi funestes que destructeurs des gelées, dites gelées blanches, qui n'exercent assure-t-on leur influence qu'au moment ou le soleil levant se trouve en contract avec la température et les vapeurs humides du matin, moment ou s'opère alors un refroidissement, et une congélation instantanée et subite, qui détruit immédiatement les plus jeunes et tendres pousses de la vigne qui s'y trouvent exposées : c'est à cet instant dit Chaptal, qu'entre la vigne on veut préserver, et les premiers rayons du soleil levant, après avoir bien calculé la direction du vent on doit s'empresser d'allumer des feux, de paille, de foin, ou d'herbes sèches plus ou moins humides ou mouillées, destinées à produire des torrents d'une fumée épaisse et soutenue, qui en s'incorporant et en s'interposant ainsi, entre les phénomènes dont nous venons de parler et la vigne parviennent inévitablement à neutraliser les effets si désastreux et si funestes des gelées blanches, si communes et si redoutables d'ailleurs en Anjou.

Quant aux animaux qui s'attaquent à la vigne dans tous ses états, et dans les diverses saisons de l'année, ce sont là des ennemis dont l'homme peut plus ou moins aisément se défendre et se préserver.

Parmi les animaux qui détruisent le plus de raisins, le blaireau devenu rare est un de ceux qui en est le plus friand, et qui en mange une grande quantité, entre les plus mûrs, et les meilleurs; les loups les renards et les chiens, particulièrement les chiens de chasse, en mangent souvent à l'occasion, bien qu'ils ne s'en nourrissent pas exclusivement.

Parmi les oiseaux sauvages, les mauvis, les grives, les merles, les geais, les étourneaux, ravagent et moissonnent plus ou moins complétement les environs des lieux qu'ils habitent, ou sur lesquels ils s'abattent :

quelques becs-fins sont très friands des sucs des raisins qu'ils enlèvent et qu'il gâtent ainsi pour ne s'en nourrir qu'en partie seulement. Le fusil des chasseurs, les pièges et les gluaux, sont les moyens qu'on emploie d'ordinaire pour attraper ou détruire tous ces maraudeurs aussi persévérants qu'effrontés. Les oiseaux domestiques et de basse-cour commettent aussi de graves pillages dans les environs des maisons qu'ils habitent, si l'on n'a pas le soin de les retenir et de les surveiller à l'époque de la maturité des raisins et des dommages et intérêts peuvent être très justement exigés, pour le tort plus ou moins considérable, et pour les dégats qu'ils font éprouver aux propriétaires de vignes.

Nous allions oublier de mentionner ici les torts commis par les perdrix qui bien que devenant de plus en plus rares, ne s'en jettent pas moins sur les vignes où elles se trouvent ainsi défendues contre le plomb du chasseur, plusieurs mois avant les vendanges ; les perdrix et surtout les rouges sont très affamées de raisin dont elles mangent les premiers grains au fur et à mesure qu'ils mûrissent.

Les limaces ou loches et surtout les limaçons sont des animaux qui gâtent et portent de grands préjudices aux vignes de nos pays, dont ils dévorent souvent les plus jeunes et les plus tendres pousses, dans les années humides et froides où ils pullulent le plus. Comme ils se cachent pendant la chaleur du jour, on doit les ramasser avec attention et les détruire dès le matin, aussitôt qu'il a plu ou qu'il a tombé de la rosée. Les charansons de la vigne appelé aussi gilberts, rouleurs ou meuniers, causent des dommages considérables dans nos vignes et dans nos pépinières, ils s'attaquent

à leurs jeunes pousses ou rameaux qu'ils coupent net,
et plus ou moins profondément, afin d'en altérer et
flétrir les feuilles de manière à pouvoir les travailler
et les rouler ensuite, soit isolément, soit en commun
avec un art et une patience aussi intelligents que mer-
veilleux; le tout afin de pouvoir déposer dans chacunes
de leurs circonvolutions successives, un deux, trois et
jusqu'à quatre œufs au plus, qui à la chute des feuilles ou pampres, viennent éclore en terre, et donnent
ainsi naissance à des larves qui bientôt se mettront à
l'œuvre à leur tour. Cet insecte qui est tout ensemble
ou successivement brun, ou d'une belle couleur bleue
ou verte, et de grosseurs diverses et variées, est facile
à prendre et à détruire ainsi et dans son état parfait,
au moyen d'un vase rempli d'eau dans lequel on le
noye après l'y avoir fait tomber; ce qui n'est, pas
moins facile, et peut l'atteindre ainsi, dans sa géné-
ration à venir; c'est de recuelllir en leur temps toutes
les feuilles roulées et de les brûler avec soin.

La teigne ou la pyrale de la vigne, est un petit papillon blanc piqueté, assez, semblable à la pyrale ou teigne du pommier; cette larve qui forme destoiles ou
gaines dans le cœur des lames elles-mêmes, avant et
pendant la floraison; détruit complétement tout ou
partie de cet organe, par la succion et l'absorption
qu'elle exerce incessamment sur la sève et sur les
sucs nutritifs et fructifères qui lui étaient destinés.
La destruction de cette larve souvent bien commune
dans nos vignobles, est assez difficile, attendu qu'on
n'en reconnaît l'existence qu'à l'aspect du mal déjà
fait, et que sa transformation est alors et la plupart
du temps accomplie, c'est donc à la destruction du
papillon qu'il faut particulièrement s'attacher si l'on

veut atteindre ses ennemis et en diminuer le nombre. Le ver blanc ainsi que son insecte parfait le hanneton doivent être rangés aussi parmi les plus dangereux ennemi de la vigne, qu'ils attaquent depuis ses racines jusqu'à ses feuilles qu'ils dévorent à l'exclusion de celles qu'ils préfèrent et qui lui manquent ; le hanneton est facile à prendre est à détruire ; ses larves peuvent facilement l'être aussi lors des façons et labours de la vigne lorsqu'on a affaire à des vignerons intéressés et prévoyants.

Vient ensuite l'eumolpe, vulgairement appelé gribouri ou cryptocéphale de la vigne, dont la larve fait le plus grand tort à cette plante et en fait aussi périr les fleurs. Cet insecte est noir avec des étuis d'un rouge sanguin couvert de petits poils, ainsi connu, il peut être plus surement chassé et détruit.

M. Oscar Leclerc, dans l'ouvrage auquel nous ferons de si fréquents emprunts, parle en outre d'une certaine noctuelle (noctua obscura), dont la chenille fort abondante fait de grands ravages dans les vignobles de la Haye-Longue.

En résumé, les meilleurs et les plus puissants auxiliaires de l'homme pour la destruction d'un grand nombre d'animaux et d'insectes nuisibles à l'agriculture, sont certains autres animaux leurs antagonistes et leurs ennemis nés, et surtout certains oiseaux plus ou moins polyphages ou insectivores, parmi lesquels nous retrouvons ici tant de charmants et mélodieux compagnons de l'homme des champs et du laboureur, que nous voudrions voir toutefois, beaucoup mieux protégés et défendus par les lois qu'ils ne le sont encore, contre la barbarie, et l'inintelligence de leurs destructeurs quelqu'ils soient !

Des Vendanges et de la fabrication des Vins.

Que les vendanges soient précoces ou tardives, elles n'en commencent pas moins chaque année dans les vignes qui se trouvent particulièrement situées le plus à l'Ouest du département, et qui confinent à celui de la Loire-Inférieure. De cette extrémité Ouest, à celle qui lui est diamétralement opposée vers l'Est, par exemple, il y a une distance d'environ 8 myriamètres, et quant aux vendanges qui ont lieu entre ces deux extrémités, il y a souvent un mois six semaines, et plus, de différence. Il serait naturel de croire, d'après les lois ordinaires et connues de la végétation dans ses rapports avec les expositions et les climats, et toutes choses étant plus ou moins égales d'ailleurs sous le rapport du sol et du cépage, que les régions vinicoles intermédiaires, aux deux points limites dont nous venons de parler, fussent appelées à vendanger à leur tour, successivement et d'une manière plus ou moins régulière ou graduelle; mais il n'en est point ainsi, et bien au contraire, il existe même dans ces diverses localités, une confusion et un pêle-mêle tels, que des communes et des vignobles contigus ou voisins récoltent ou vendangent souvent, à huit ou quinze jours de distance les uns des autres; tandis que dans ceux situés les plus au nord, l'on vendange en même temps que dans certains crûs intermédiaires, dont nous venons de parler; ou ce qui est plus extraordinaire encore, l'on vendange toujours un mois au moins avant les vignobles situés dans les parties les plus méridionales du département. Sans vouloir re-

chercher ici toutes les causes multipliées et complexes
d'anomalies et de contradictions incontestables, nous
n'en devons pas moins faire remarquer en ce lieu,
que les récoltes ou vendanges faites avec choix, en un
ou plusieurs temps, et dans des conditions de maturité plus ou moins complète, ainsi que cela se pratique
dans le Saumurois, et dans quelques uns de nos grands
vignobles, doivent nécessairement exercer une influence telle quelle, sur la différence qui existe entre
les vendanges d'une contrée, et celles d'une autre
comparées.

Du reste, les vendanges ont assez ordinairement
lieu en Anjou, de la fin de septembre à la fin d'octobre et même jusqu'à la mi-novembre, ainsi que cela
s'est vu en 1850 par exemple, où les gelées et la glace
s'étaient déjà montrées avec assez d'intensité, pour
après avoir dépouillé les vignes de tous leurs pampres, avoir aussi gelé même un très grand nombre de raisins sur pied; de pareilles conditions ne sont assurément pas propres à donner les meilleurs produits,
c'est ce dont chacun peut du reste se convaincre aujourd'hui.

En général plus l'on vendange de bonne heure et
plus l'on peut espérer la quantité et la supériorité des
produits; ces résultats prouvent, du reste, que la vigne
a végété ainsi, dans les meilleures conditions de temps
et de température; pourtant naguère encore on fixait
l'époque des vendanges par des bans; c'est-à-dire, que
l'administration municipale, fixait, après expertise et
enquête, une époque plus ou moins arbitraire, entre
le point de départ et la limite finale de laquelle, il
fallait avoir tout à la fois commencé et fini, quand
même, sa récolte. Grâce à l'initiative de la commune
de Chalonnes, et grâce au comice vinicole de Saumur,

qui en a motivé, et, pour ainsi dire, réglementé l'usage;
chacun aujourd'hui vendange à son temps et à son
heure, sauf à s'entendre ou à se concilier avec les
propriétaires des vignes ou clos environnants ; c'est
un progrès et une amélioration que nous avons cru
devoir signaler.

Nous n'entrerons pas ici dans les détails minutieux
et pratiques des vendanges, chose que chacun sait
aussi bien que nous, et, quant à ceux qui les ignorent,
nous les renvoyons aux écrits et traités qui en font
spécialement mention ; nous dirons seulement que
dans l'opération des vendanges , ou cueillette des
raisins, les uns cueillent à la fois et tout ensemble leur
récolte entière, que d'autres dépourissent seulement,
et c'est ce que font les propriétaires de vignes rouges
cultivées avec soin ; que d'autres enfin, et en très petit nombre, ne vendangent qu'au fur et à mesure de la
maturité successive : nous en connaissons qui ont mis
leur raisin à sécher au four, ou sur la paille, ce qui n'a
eu lieu, du reste, que pour de très petites quantités.
En général et dans le plus grand nombre des cas, on
attend une maturité aussi complète et aussi satisfaisante que possible, et l'on vendange toutes ses vignes
à la fois.

D'une autre part les uns égrappent leurs raisins,
nous ne parlons pas ici des récoltes du rouge ou cette
pratique en général est aussi nécessaire qu'exclusivement indispensable, nous parlons du raisin blanc ,
d'autres se contentent de le presser avec la râpe ou
grappe, sans le fouler ni le piler avant : mais généralement encore ici, le raisin apporté au pressoir, est
foulé sous les pieds armés de sabots de l'homme,
commis au travail du pressoir en question, qui, à son
tour, achève cette opération en plusieurs temps.

Les pressoirs sont chez nous de différentes espèces et opèrent d'après différents mécanismes ; nous avons cru devoir les classer en pressoirs anciens, pressoirs de transition et pressoirs modernes. Nos anciens pressoirs soit que le levier de pression fut horizontal ou vertical, à vis ou à levier proprement dit, s'appelaient pressoirs à longs fûts, à casse-cou et autres, etc; ils étaient tous en bois, et exigeaint ainsi des pièces de dimensions, et de poids énormes, qui rendent aujourd'hui leur entretien ou leur construction fort couteux, indépendanment des dangers et des difficultés qu'ils exigent dans leur manœuvre. Tout en conservant une partie du système et des pièces de nos anciens pressoirs, on les a modifiés en ce sens, qu'on leur a appliqué une ou plusieurs vis ou appareils en fer; ce sont pour nous, les pressoirs de transition, dont nous avons fait construire l'un des premiers dans ce département par les soins de notre Ecole des arts en 1816 ou 1817. Enfin parmi les troisièmes ou pressoirs plus ou moins modernes, nous rangerions volontiers les pressoirs avec vis et leviers en fer, inventés par MM. Héry et Houyeau nos compatriotes ; puis le pressoir à engrenage, présenté au congrès vinicole d'Angers en 1842, par M. Benoît de Troyes, et, dans le compterendu duquel se trouve la description du susdit pressoir qui a semblé réunir toutes les conditions qu'un bon pressoir doit remplir, conditions ainsi formulées par la commission nommée *ad hoc* :

La surface par laquelle s'écoule la moût doit être la plus grande possible ;

La masse du marc ne doit pas être trop considérable ; car alors la pression se transmettrait difficilement aux parties les plus éloignées.

Les meilleurs moyens de pression sont ceux qui n'exigent point de cordages ; on doit préférer les engrenages en fonte, qu'on applique soit à des cremaillères, soit à des vis. Celles-ci doivent être en fer parce que les vis en bois sont sujettes à trop d'accidents et donnent lieu à un frottement considérable. La pression exercée sur le marc est plus efficace, lorsque ce marc est enfermé dans un encaissement ; quelques praticiens pensent que l'effet de la pression est doublé par cette seule circonstance.

Pour sécher complètement un marc, même lorsqu'il est encaissé, il faut que chaque mètre carré de surface, soit soumis à une pression de cent mille kilogrammes.

Le pressoir ne doit pas demander un grand emplacement, et il faut qu'on puisse trouver dans sa propre construction, les points d'appui qu'exige la pression qu'il doit exercer. On peut alors l'établir dans tout local, sans être contraint à des constructions coûteuses.

Deux ou quatre hommes doivent suffire pour le manœuvrer.

Chaque opération doit se faire dans le moins de temps possible, et cependant la pression doit s'exercer lentement.

Enfin un bon pressoir ne doit présenter aucune chance d'accident, et n'exiger de réparations qu'après un long usage.

Nous ne terminerons pas l'article des pressoirs, sans dire un mot en ce lieu, d'une sorte et nature de maie et d'avant maie faite en maçonnerie et qui existe en assez grand nombre dans l'arrondissement de Saumur, et particulièrement dans ces caves creusées dans le calcaire tufeau du pays, et auxquelles on a de plus ajouté chez quelques propriétaires, des sortes de chaix ou réservoirs propres à recevoir en quantité assez considérable, le vin qu'on y laisse plus ou moins séjourner, pour l'extraire ensuite, à l'aide de seaux ou d'une pompe afin de le mettre en tonneaux. Cette disposition et cette construction de maie, n'influe d'aucune manière du reste sur les autres portions du pressoir, dont toutes les pièces sont en bois ainsi que partout ailleurs.

Sur d'autres points du département des foudres ou chaix de diverses dimensions ont aussi été pratiqués en maçonnerie, exécutés et enduits en chaux hydraulique du pays. Les propriétaires qui ont expérimenté ce nouveau mode de fermentation et de conservation du vin en grand, s'en sont bien trouvés, reste à savoir si cela peut s'appliquer aux vins de tous crûs et de toutes qualités?

Les vins obtenus par le foulage, le pilage, et les divers modes et sortes de pressurages du raisin, sont en proportion relative et selon le but que le propriétaire se propose à ce sujet, successivement mis dans des tonneaux sortes de fûts en bois de chêne, ou de chataignier, d'une contenance d'environ deux cent dix à deux cent vingt litres chaque. Avant de se servir de ces fûts, neufs ou vieux, qu'on doit avoir fait bien rebattre et visiter, on les fait rincer au préalable à l'eau bouillante puis à l'eau froide, afin de les affranchir, de les éprouver, d'en renfler et d'en imbiber les pores et les fissures, de manière à les rendre les plus propres possible, à contenir le moût ou liqueur qu'on leur destine.

Quelques personnes font en outre muter ou mécher leurs barriques ou tonneaux, immédiatement avant d'y mettre le vin; cette pratique faite avec soin et discrétion présente des avantages réels quant à cer tains crûs, certaines années, et certaines qualités et sortes de vins.

Il n'est point indifférent selon nous de savoir jusqu'à quel point on doit remplir ou non la barrique de vin nouveau, et comment on doit procéder à son entretien ainsi qu'a son ouillage. Les uns remplissent jusqu'à dégorgement sensible, et chaque jour enouillant en provoquent un nouveau. D'autres mieux inspirés peut-être, selon nous, se contentent de remplir seulement jusqu'à quelques centimètres au-dessous de l'ouverture de la bonde; le vin leur semble avoir assez force et de puissance, pour chasser au dehors les corps ou éléments hétérogènes ou nuisibles qu'il renferme, tout en pouvant garder et conserver ainsi les éléments indispensables à sa fermentation intestine et normale; d'autres enfin, ou employent des tubes et des bondes forées d'après un système plus ou moins analogue à celui indiqué par Mlle Gervais. Nous croyons quant à nous, que le second de ces procédés qui consiste à maintenir le liquide à quelques centimétres au-dessous de l'ouverture de la bonde, est le meilleur, le plus simple le plus économique et le plus facile, quand on l'applique au vin dont le raisin a été pilé; mais surtout quant on l'applique à celui qui n'a été que foulé.

Pendant les premiers mois, l'ouillage doit avoir lieu ainsi, au moins une fois le jour; puis bientôt de loin en loin, une fois la semaine, moins encore et successivement, jusqu'à l'époque où quelques uns le bondent plus ou moins à demeure, ou le mettent de côté, après toutefois qu'il a été soutiré au moins une fois. Nous allions en effet omettre ici cette opération du soutirage, opération si importante, quant à sa pratique et à son opportunité, |que de ces conditions résultent pour nos vins leurs qualités éminentes et spéciales. Sitôt que les vins sont tombés, qu'ils commencent à être plus ou moins clairs et limpides, ce qui arrive un mois, deux mois et souvent plus après la récolte, on soutire assez généralement tous les vins nouveaux du pays; les uns préfèrent le soutirage au syphon, ou à la canelle les autres à la pompe, qu'ils prétendent nécessaire pour les mieux battre et mélanger. Certains propriétaires se bornent à soutirer une seule fois sur place, et une seconde fois lors de la vente ou du déplacement; d'autres soutirent deux, trois et quatre fois et prétendent s'en trouver bien aussi ; nous croyons qu'à cet égard, il ne peut y avoir ici aucune règle uniforme et absolue, attendu les différences des qualités des années, et des crûs, à Saumur par exemple les vins blancs si fameux des côteaux ne sont soutirés que lors de la vente et par les marchands eux-mêmes, qui avec plus ou moins de raison entendent présider et procéder personnellement à cette opération délicate. On les a souvent exportés encore non soutirés.

Le soutirage doit se faire dans des tonneaux frais et francs, que l'on purge de leur lie au moyen d'un léger lavage, et que l'on mute ou mèche encore ici, plus ou moins légèrement, suivant les exigences et les usages du pays.

Du reste, comme il faut pour que les vins blancs d'Anjou, conservent leur goût de fruit leur arôme, et leurs parfums, ainsi que leurs dispositions naturelles à

la mousse; qu'ils soient mis en bouteille dans le de-
cours de la lune de février, il est absolument indispensable alors qu'une partie des opérations dont nous
venons de parler soient terminées à cette époque, et
c'est cc à quoi on doit principalement s'appliquer.

Ce que nous venons de dire quant aux vendanges,
et à la fabrication des vins, ne pouvant guère et sous
certains rapports se rapporter qu'à nos vins blancs,
nous allons compléter cet exposé par ce qui concerne
la fabrication des vins rouges, qui depuis quelques
temps, par leurs qualités et leurs développements ont
acquis une importance aussi réelle qu'évidente, et
qui bientôt nous l'espérons seront complètement en
mesure tout en satisfaisant à nos goûts et nos besoins
actuels, de nous affranchir du lourd tribut, qu'à leur
place prélèvent sur nous des départements vinicoles
qui ne nous semblent pas plus heureusement placés
que nous pour les obtenir.

Dans les bons crûs ou vignobles rouge de l'Anjou,
on commence d'abord, et ainsi que nous l'avons dit,
par dépourir avec soin, puis une fois la maturité bien
homogène, ou vendange, on égrappe, puis on jette son
raisin dans la cuve.

C'est ici et dans le procédé de la fermentation
surtout, dont la durée ne peut jamais être fixée d'une
manière absolue, soumise qu'elle est à l'influence de
tant de causes diverses, c'est disions-nous néanmoins,
dans la pratique et le procédé de la fermentation que
chacun varie et conseille à sa manière; les uns procé-
dent à vase clos, d'autres à vase ouvert, d'autres
enfin modifient et transigent avec ces deux pratiques,
les uns brassent, les autres foulent, d'autres enfin
défendent l'un et l'autre; tant il y a cependant,

qu'une fois la fermentation terminée, ce que l'on reconnaît à des signes manifestes et certains, que personne ne doit ignorer quand il s'occupe de cette fabrication alors on tire le vin à la canelle puis on porte le résidu du cuvage au pressoir on le foule, on le pile on le presse et avec le mout qui en résulte on emplit selon certaine proportion et mélange du premier avec le second, ses tonneaux ainsi qu'il a été dit pour le vin blanc. Seulement ici, après les modes et procédés d'ouillage et de soutirage dont nous avons parlé précédemment, au lieu de mettre en bouteille, en février, il faut au contraire conserver en tonneau et cela une et souvent deux et trois années, les vins rouges de première qualité et de premier choix du pays. Certaines autres qualités agréables, quoique dits petits vins peuvent et doivent même souvent être bus dans l'année.

La coloration normale, satisfaisante, et agréable à l'œil, du vin rouge, n'est pas toujours chose si simple et si facile qu'on le croit, nous avons des cépages, qui se colorent d'eux-mêmes, mais soit la faute de l'année, ou du cépage employé, il y en a d'autres, qu'il faut colorer avec du gros noir ou du teinturier. Pour obvier à ces inconvénients et pour donner en outre un certain type, une certaine qualité, un certain bouquet et un certain parfum à leurs vins, plusieurs de nos viticulteurs angevins ont mélangé leurs cépages, au nombre de deux, trois quatre au plus ainsi que notre enquête le dira plus tard, puis d'autres enfin soit à leur insu, soit avec intention, ont obtenus au moyen de quelques pieds épars de raisin cassis, et autres plus ou moins aromatiques et teinturiers, une sorte et qualité de vin qui a été appréciée et signalée

par notre jury de dégustation ainsi qu'on le verra
bientôt.

Des Vins d'Anjou.

Les vins d'Anjou jouissent à juste titre d'une réputation traditionnelle et plus que séculaire, qui ne
s'est pas démentie jusqu'à ce jour, et, chose assez remarquable et assez significative pour être particulièrement signalée à ce sujet, c'est que ce sont absolument les mêmes lieux, les mêmes communes, et les
mêmes crûs, qui produisent encore en ce moment les
meilleures natures et qualités de vins, depuis si longtemps mentionnées par les écrivains, les voyageurs,
ainsi que par les consommateurs et par les gourmets
des temps passés. C'est donc véritablement ici, de la
statistique et de la science comparées, dont nous avons
à cœur de donner toutes les preuves en faisant connaître les sources ou nous les avons puisées.

Ici ce sera donc encore à Robin, cet infatigable et
laborieux compilateur, à qui tant d'historiens de toutes
sortes ont le plus souvent emprunté, sans le citer, tant
de faits et d'opinions sur les illustrations de cet Anjou
dont il était lui-même idolâtre, que nous nous adres-
serons à notre tour pour faire connaître les autorités
anciennes qui ont placé nos vignobles au rang important et vrai, où nous avons encore aujourd'hui la juste
et légitime prétention de les maintenir. Pour cela faire,
il suffit d'ouvrir un petit volume in 8° intitulé *le Mont-
glone,* ou *recherches historiques sur l'origine des Celtes*

Angevins, Aquitains, Armoriques, par M. C. ROBIN, docteur en théologie, ancien recteur de l'Université, curé de Saint-Pierre, premier curé cardinal de la ville d'Angers, pélerin apostolique, et patron perpétuel des pélerins de Saint-Jacques, etc., publié à Paris en M. DCC. LXXIV. Vous y lirez page XIX une note ainsi conçue :

ETYMOLOGIE DU PAYS DES MAULGES.

Vitifer à proavis, etc. p. IV.

« Les vignobles de Saint-Lambert, et de Beaulieu sur le Layon, canal de Monsieur, dans les hautes Maulges, en Anjou, appelées par les Romains, *pagus metallicus* pays métalliques, dans les titres de la basse Latinité, *pagus medalgicus,* par syncope *malgicus,* en vieux français, Malges, ensuite Maulges et Mauges, à cause des mines à charbon qui s'y trouvent, à commencer par la fameuse mine de Châtel-Oison, de *Castro-Anseris,* près Doué, où le Layon prend sa source et va se décharger dans la Loire, à Chalonnes, où se fait la chaux, *in vico colonnâ,* à quatre lieu es au-dessous d'Angers, après avoir passé par les paroisses de Martigné-Briand, Chavagne, *alias* Cabannes, Thouarcé, (bonnes eaux), Faye ou Foye, Rablay, Beaulieu, les quarts de Chaulmes, en Rochefort, Saint-Lambert, Saint-Aubin, Chaudefonds *calidus fons,* toutes remplies de mines et d'eaux minérales, jusqu'à Montjean, de *Monte-jano,* qui signifie en arménien vigneron, *vitifer ;* ce qui contribue sans doute à la bonté de nos vins blancs d'Anjou, si célèbres en Hollande, qu'un auteur allemand dans l'itinéraire des Gaules l'appelle *vinum album Andinum celebratissimæ bonitatis ;* et qu'on le met en parallèle avec les meilleurs vins étrangers, dans nos écoles de médecine, et dans les termes suivants :

« *Valeant quod valeant Rhenanum, Ungaricum, Malvasium, Creticum, infidâ sœpè manu fucata venditoris, vectantium ingluvie vel fraude sœpiùs perversa, magno semper transferenda sumptu, pluri emenda auro, Belliloci vino consolabor, etc.* »

« Nous ne contestons point l'excellence des vins du Rhin, de Hongrie, de Malvoisie, et des autres vins étrangers souvent falsifiés par les marchands qui les débitent, plus souvent par la gloutonnerie ou la friponnerie des voituriers qui les trempent, les mêlent et les remplissent après s'en être remplis eux-mêmes. On ne les transporte qu'à grands frais, on ne se les procure qu'avec beaucoup d'or. Pour moi je me console avec du vin de Beaulieu et des Quarts de Chaulmes, sans me soucier du Canarie, du Frontignan, du Tokai, du Bourgogne, du Champagne, etc,.. qui me manquent et auquel je ne porte point envie. »

« J'aime mieux et cent fois mieux me livrer à notre Pihardy, qui ne porte point à la tête, qui rend le corps dispos, dissipe le chagrin, aiguise l'esprit, et donne à l'âme du contentement et de la joie. C'est aussi le goût de l'auteur. »

« Cette description de nos bons vins d'Anjou, ajoute Robin, est si belle et si intéressante pour la province, qu'on a cru devoir la mettre tout entière sous les yeux des compatriotes, comme un monument qui ne doit pas leur déplaire » et nous avons cru devoir imiter Robin :

« *Felices Andini, qui intrà patriœ limites, nullius aliundè interventu, vinum ho? album cautè, ac delicatè educatis, etc.*

« Eminet hinc proprior gemino mons fonte saluber,
Fert hic aquas vitæ, nectaris ille vices ! »

« Heureux Angevins qui, sans sortir de votre patrie, sans aucuns secours étrangers, cultivez avec soin et avec délicatesse, ce vin blanc ami du sang, conservateur de la santé, protecteur de la vie, remède prompt et souverain pour une infinité de maladies, qui rend la vie plus agréable et plus longue! Je chante ces vignobles et ces collines des bords de la Loire, qui présentent en pente douce leurs grappes dorées au soleil qui les colore. Je célèbre le vin pulpeux de Trelazé, qui le dispute aux plus emmiélés. Heureux, qui vit entre le Pihardy et le Saint-Barthélemy! Les uns l'emportent par la qualité, les autres par la quantité. Viennent ensuite le Rablay, le Thouarcé, le Faye ou Foye, le Saint-Aubin, le Montrelais, le Savennières, l'Epiré (ne le confondez pas avec celui d'Empiré). Préférez surtout celui de Bonnes-Eaux, dont un poète buveur condamné à prendre les eaux de Chavagnes a dit :

C'est ici que s'élève une double colline,
Dont l'une offre un nectar, et l'autre une eau divine !

« La clause (ne confondez pas avec celui d'Empiré *vi-de-ne empireum*) désigne avec affectation notre camp de César au village d'Empiré et de Frémur, dont le vin quoiqu'inférieur en force à celui d'Epiré, qui n'en est séparé que par le confluent des deux rivières de Loire et de Maine, est pourtant si délicat et si léger, qu'il approche du Champagne quand il est mis à propos et qu'on peut lui appliquer ce qu'on vient de dire ici du Pihardy. Le clos de Champ-Charles qui y est situé est même réservé pour la bouche de nos évêques, il

appartient aujourd'hui à l'un de vos exposants, à **M.**
de Baracé. Mais le docteur qui composa cette thèse.
avait ses vignes en Saint-Barthélemy et Trelazé. Il a
aussi omis les côteaux de Saumur qui donnent une
autre espèce d'excellent vin blanc, mais avec beaucoup plus de façon et de frais et en moins grande quantité. »

En résumé, on voit ainsi que nous l'avons dit, que
l'histoire que nous venons de citer n'est pas seulement
de l'histoire ancienne, mais encore et toujours de
l'histoire moderne et prise aujourd'hui sur le fait ; car
s'il ne s'agissait ici que de classer et d'illustrer encore
nos vins d'Anjou, nous n'aurions plus qu'à leur appliquer en ce moment, ainsi que par le passé, tous les
éloges et toutes les appréciations que nous venons de
transcrire. Mais comme notre mission, à nous, est de
faire un rapport précis et circonstancié de tout ce qui
s'est passé à ce sujet lors de notre exposition et de
notre enquête vinicole de 1849—1850, nous allons
donc en continuer l'énumération et les détails.

Lorsque l'on parle des vins d'Anjou, c'est surtout
des vins blancs qu'il faut principalement tenir compte,
les vins rouges bien qu'ils soient remarquables et en
certaine quantité, particulièrement dans l'arrondissement de Saumur rive droite et rive gauche de la Loire,
et bien que d'autre part, ils se soient de cette région
plus ou moins étendus et multipliés depuis moins d'un
demi-siècle sur divers autres points du département,
n'en sont pas moins, sous le rapport numérique, dans
un état d'infériorité réel et considérable.

Ainsi donc, et nous croyons devoir le répéter ici,
les vins blancs d'Anjou peuvent être considérés comme
tenant très-bien le milieu entre les vins froids et aci-

dules du Rhin, de la Moselle et de la Champagne, et les vins blancs du Rhône, du midi de la France et de l'Espagne dont ils participent jusqu'à un certain point et ainsi qu'on le verra bientôt.

Dans les bonnes années et dans nos bons crûs, nos vins ont l'avantage de procéder de deux manières distinctes par les progrès de l'âge et de certaine fermentation intestine ou maturité vineuse, qui s'opère en bouteille et de telle sorte que, pendant la première, la deuxième, la troisième, et souvent et jusqu'à la quatrième année et plus, ils sont tellement limpides, délicats et mousseux, ils ont un tel goût et parfum de fruit, qu'on peut hardiment les assimiler alors et sous certains rapports, aux meilleurs et aux plus famés de nos vins de Champagne, de Limoux et de Saint-Perray.

Ensuite et plus tard, ils cessent bientôt de mousser, et perdent alors leur blancheur et leur limpidité, pour prendre incessamment cette belle couleur jaune d'or, si vive et si brillante; alors aussi ils deviennent plus concentrés et plus nourris, ils prennent du corps de la vinosité, de la liqueur et un certain type et caractère de goût et de saveur qui les rapproche parfois et à s'y méprendre, des plus vieux vins de Chypre, de Malvoisie, de Madère et même de Constance, c'est ce que notre dégustation dernière a mis tant de fois en évidence, de manière à tromper et à faire douter jusqu'à leurs producteurs eux-mêmes. Pour obtenir ce développement successif, et la conservation de ces avantages précieux, la manière de traiter les vins en barriques ainsi qu'en bouteilles importe éminemment. Nous avons parlé précédemment du gouvernement des vins en barriques, il nous reste à dire quelques mots sur le second de ces procédés. Pour obtenir ce goût

de fruit si délicat et si franc, en même temps que cette limpidité et disposition à mousser, auxquels nos vins sont si
naturellement disposés, il faut, après avoir préalable-
ment soutiré son vin en barrique deux ou trois fois
plus ou moins, selon la nécessité et les années, il
faut, disons-nous, le mettre absolument en bouteilles
dans le mois et dans le dernier quartier dit décours
de la lune de février. Nulle autre préparation artifi-
cielle et chimique, n'est généralement employée par
les propriétaires.

On couche son vin de suite, et on ne le relève que
si dans les mois de mars ou de juillet, époques de la
végétation et de la floraison de la vigne, dont la cause
et l'influence réelle est jusqu'à présent aussi inexpli-
cable qu'inexpliquée sur les vins en bouteilles, sont
incontestables, il travaille avec assez de violence pour
les briser en plus ou moins grand nombre. L'appro-
priation et le choix des caves, est une chose importante ; quant aux choix et à la nature des couches ou
supports, il est assez indifférent que les rangées ou
dispositions des bouteilles, aient lieu dans du sable,
sur des lattes, sur de la paille, des nattes de jonc, ou
au moyen de divers mécanismes ou appareils en fer
et autres, plus ou moins nouvellement inventés ; la
paille seule pourrait offrir des inconvénients à cause
de la fermentation acide ou putride que la casse serait susceptible d'y développer.

Quelques propriétaires intelligents quelques industriels et commerçants, nous ne parlons pas ici de ceux
qui se sont appliqués à champaniser les vins du pays,
ont essayé de clarifier nos vins, soit en barriques soit
en bouteilles, au moyen de divers procédés empiriques
ou chimiques pris et choisis parmi les innombrables

indications que chaque jour fournit; et tout récem
ment, et pour les vins en bouteilles, au moyen du dégorgement tel qu'il est pratiqué en Champagne. Mais
ces procédés ont trouvé jusqu'ici assez peu d'imita-
teurs parmi nous, et ne nous ont pas semblé d'ailleurs
avoir apporté de grandes améliorations dans les produits qui y ont été soumis; ainsi donc et jusqu'à ce
que l'expérience ait prononcé, et jusqu'à ce qu'elle
ait fait connaître que si au lieu d'améliorer, elle avait
au contraire pour résultat de troubler et d'empêcher
jusqu'à un certain point les avantages et les progrès
d'améliorations naturelles et spéciales, dont nos vins
ont joui jusqu'à ce jour, nous pensons qu'on fera bien
d'agir ainsi que par le passé, et d'admettre avec beaucoup de réserve les conseils plus ou moins intéressés
de la science et de la spéculation plus théoriques que
pratiques des auteurs qui les préconisent.

Indépendamment des qualités que nous venons de
signaler, les vins d'Anjou sont apéritifs, chauds, toniques, cordiaux, spiritueux, nervins; ils sont généreux, ils ont du corps et du montant; et sous ces divers
rapports ils conviennent merveilleusement bien aux
tempéraments humides et froids, aux lymphatiques,
aux scrophuleux; aux populations qui habitent le Nord,
et surtout les terrains bas, humides et brumeux; aux
Anglais, aux Hollandais, aux Belges, aux Danois, aux
Suédois, aux Russes, etc.

Cela est si vrai, qu'en France même, ce sont précisément la Flandre, la Bretagne, le Maine et la Normandie,
qui avec raison les achètent et les consomment de
préférence. Ce sont tout à la fois, pour ces climats,
pour ces races et pour ces tempéraments divers et
spéciaux, un aliment, un breuvage aussi utile qu'a-

gréable; un modificateur, un condiment, et presqu'un médicament on ne peut plus propre à suppléer d'après un volume et suivant des quantités suffisantes, toutes ces boissons excitantes et terribles, qu'ils ont pour la plupart l'habitude d'employer à cet usage, et sous ces divers rapports, au détriment de leurs facultés, de leur santé et le plus souvent, jusqu'à celui de leur existence même.

Les crûs les plus renommés aux approches de la Loire, à l'Ouest d'Angers, sont ceux de Montjean, de Chalonnes, de Rochefort, de Denée, etc., sur la rive gauche de la Loire; et sur la rive droite, ceux de la Possonnière, de Saint-Georges, de Savennières où se trouvent les fameux vignobles de la Coulée de Serrant et de la Roche-aux-Moines, etc.; exceptés ces derniers qui sont cotés à Paris au rang des meilleurs vins de France et de l'étranger, la plus grande partie de ceux qui précèdent, ou sont consommés sur les lieux, ou exportés dans les départements limitrophes.

Parmi les vignobles les plus estimés des côtes du Layon, on cite particulièrement les vins de Chaude-fonds, de Saint-Aubin, des Quarts de Chaumes, de Saint-Lambert, de Beaulieu, de Rablay, de Faye, de Bonnes-Eaux, de Thouarcé, de Chavagnes, de Martigné-Briand, de Maligné, de Brigné, etc. Ce sont ces vins qui approvisionnent en grande partie encore nos dé-partements du Nord-Ouest, ceux de la Bretagne, de la Normandie et du Maine, etc. Ces vins étaient aussi et avant la révolution, particulièrement exportés par mer, en Belgique, en Hollande, et jusqu'en Amérique et principalement dans nos colonies françaises, où avec les guignolets ou ratafias d'Angers, dont on faisait un très grand cas.

A mesure qu'on s'éloigne des côtes du Layon vers le Nord, ou le Sud, on trouve des vins de moindres qualités ; tels sont dans la première direction : ceux de Brissac, des Alleuds, de Chacé , de Saint-Ellier, Saint-Remy, Saint-Sulpice, Saint-Jean-des-Mauvrets, Saint-Saturnin, etc.; et dans la seconde, ceux du Puy-Notre-Dame, de Saint-Macaire et de la partie de Montreuil-Bellay, qui se trouve sur la rive gauche de la Dive et du Thouet, etc.

Les bons vins des côteaux de Saumur sont presqu'exclusivement désignés aujourd'hui sous le nom de vins pour la mer, parce que quelques-uns d'entr'eux sont encore en ce moment expédiés en plus ou moins grand nombre pour la Belgique; mais ainsi que nous l'avons vu ci-dessus, à l'époque où nos vins d'Anjou s'exportaient presque tous pour le Nord, Saumur seul n'était pas appelé à profiter de ces avantages; nos bons vins des bassins du Layon et de la Loire, dans le bas Anjou, y participaient pour la plus grande part, et sont même, selon nous, élémentairement constitués pour supporter bien mieux la mer encore, et pour s'améliorer également et de plus en plus par le mouvement et le voyage, ce qui nous garantit que leur transport par nos voies ferrées, loin de leur nuire ainsi qu'à tant d'autres, sera toutefois sans inconvénient s'il ne les améliore en ce sens.

Dans le canton Sud de Saumur, tous les vignobles de première qualité, rouges ou blancs, sont situés dans les communes de Montsoreau, Turquant, Parnay, Souzay, Dampierre, Varrains et Chacé ; dans le canton de Montreuil-Bellay, rive droite de la Dive, on les rencontre seulement sur le territoire de Saint-Cyr-en-Bourg , de Brezé , et Saint-Martin de Souzay, etc.

Les crûs les plus renommés sont, à Montsoreau le clos du même nom ; à Turquant *les rôtissants*, les clos *de la Fessardière* et *de la Vignolles ;* à Parnay plusieurs morceaux sans noms particuliers ; à Souzay, *Champigny-le-Sec,* renommé pour ses vins rouges, ainsi que le clos *des Cordeliers,* le *Sang de bœuf,* les *Challonges* ; à Dampierre le *clos de Morin* ou *la Corde,* les *Fiefs-Garnier,* et *les Feronnières ;* à Varrains et à Chacé, les *Poyeux* ; à Saint-Cyr le clos de la *Ferrières* et quelques autres ; à Brézé et à Grand Pont, plusieurs morceaux sans désignation spéciale.

On fait peu de vins rouges au Sud de Saumur, et le peu qu'on y récolte se consomme assez habituellement dans le pays ; cependant et depuis un certain nombre d'années (indépendamment de la vogue dont certains de ces vins avaient joui sur la table de l'ancienne cour) les Anglais qui habitent la Touraine les ayant trouvés de leur goût, particulièrement celui de Champigny-le-Sec qui en produit annuellement environ trois ou quatre cents poinçons, ces consommateurs délicats et nomades en ont, depuis lors, envoyé en Angleterre pour les besoins de leurs parents et de leurs amis. Ceux de Bellay viennent en seconde ligne, et sont aussi prisés que les meilleurs vins d'Indre-et-Loire.

Dans le canton Nord–Est du même arrondissement, c'est-à-dire sur la rive droite de la Loire, les vins rouges sont plus ou moins analogues à ceux de Saint-Nicolas de Bourgueil, si avantageusement connus dans le commerce de l'Ouest ; ils se répandent aussi dans les départements voisins. Les vins d'Allonnes, de Brain, de Neuillé surtout, sont placés par beaucoup de consommateurs sur la même ligne que les vins de Bordeaux de seconde classe.

Dans leur jugement et leur appréciation, les auteurs modernes qui ont écrit sur les vins d'Anjou, ont non seulement omis les côteaux et bassins du Loir et de la Sarthe, qui produisent des vins blancs d'agréables qualités, et de bonne conservation, tels que ceux d'Huillé, de Briollay, de Soulaire et Bourg, et voire même de Châteauneuf ; mais encore plus oublieux et plus ingrats que les anciens écrivains que nous avons cités, ils vont même jusqu'à se taire sur Angers et ses environs, ainsi que sur les intéressants et remarquables produits de Sainte-Gemmes-sur-Loire, Saint-Barthélemy, Trelazé, Foudon, Saint-Sylvain et Beaucouzé, dont nous l'espérons notre dégustation et notre enquête, vont constater et consacrer de nouveau les bons et excellents vins rouges et blancs que chacun de nous a été à même d'apprécier.

Nous ne terminerons point cette rapide revue des vins de l'Anjou, sans mentionner deux ou trois nouvelles sortes de vin dont l'industrie a tout récemment doté notre pays, sous le nom de vins champanisés.

Ces vins ayant figuré à notre exposition, et ayant été ainsi que tous les autres dégustés et appréciés par le jury, nous y reviendrons en temps et lieu ; nous nous bornerons donc à indiquer ici que l'un de ces vins est fabriqué à Saumur par M. Ackermann, sous le nom de vin champanisé.

Le second a été fabriqué à Angers par M. Lesourd-Delisle, à son vignoble des Fouassières avec des vins et cépages du pays.

Enfin, MM. Fremy frères et Bottrel, de Chalonnes-sur-Loire, ont depuis plusieurs années aussi, livré au commerce, des vins du pays, préparés d'après des procédés dont nous parlerons ultérieurement.

Avant de passer à tout ce qui se rattache aux imperfections, aux altérations ou aux maladies de nos vins, nous avons cru devoir dire quelques mots de l'analyse qui a été faite de quelques-uns d'entr'eux par deux de nos concitoyens et de nos collègues, MM. Sebille-Auger, et Bianquin, pharmacien à Saumur. Cette manière de procéder ayant pour but de faire connaître les principes élémentaires et constituants des vins en question, pourra peut-être ainsi nous conduire à la connaissance de nouveaux moyens ou procédés pour les traiter ou les remédier à l'occasion.

Voici réunie dans un seul tableau, la composition des quatre sortes de vin analysées par MM. Sebille-Auger et Bianquin (1).

Par litre.	Dampierre. 1837.		Saumur natur¹. 1834.		Fab⁰ⁿ champagne 1836.		Champagne vrai.	
Alcool absolu en vol.	135ᶜᶜ	»	116ᶜᶜ	19	117ᶜᶜ	42	109ᶜᶜ	44
Sucre de canne....	20	»	95	»	92	»	94	26
Tartre.......	2	60 ⎫	1	33 ⎫	1	56 ⎫	1	50 ⎫
Ac. acétique et autres	6	96 ⎬ 9,68	2	32 ⎬ 4,82	3	39 ⎬ 5,23	3	37 ⎬ 5,18
Ac. sulfur. et sulfate	0	12 ⎭	1	17 ⎭	0	26 ⎭	0	31 ⎭
Acidité totale représentée par l'acide sulfur. à 66 degrés	7	50	4	00	4	00	4	00

L'on voit, ajoutent nos savants chimistes, que des vins très différents pour le goût et la qualité, par exemple, le Saumur naturel et le Champagne vrai contiennent cependant les mêmes substances appréciables ; et que leurs proportions ne sont pas tellement différentes, que cela seul puisse causer la supériorité des uns sur les autres. Il faut donc que les substances qui échappent à l'analyse, aient une influence bien

(1) Nous désignons les centimètres cubes ou millièmes de litre par cc., et les grammes ou millièmes de kilogrammes par gr.

marquée sur la qualité et l'agrément des vins. S'il en était autrement on pourrait faire des vins artificiels semblables à un vin naturel donné, et c'est à quoi l'on n'est pas encore parvenu.

Dans le moût d'une même vigne, mais d'années différentes, les proportions des substances susceptibles d'être déterminées varient de la manière suivante par litre :

Sucre de raisin de	**175** g.	à	**272** g.	Ces résultats ont été fournis par les vins de Dampierre de 1828 à 1837.
Tartre.	**10**	à	**20**	
Acides divers.	**5**	à ·	**7,5**.	

Les quantités de sucre indiquées ici devraient produire de **113** cc. à **175** cc. ou 90 g. à 139 g. d'alcool pur. Cependant on ne trouve dans nos vins que de 90 cc. à 140 cc. ou de **71** g. à **110** g. d'alcool, quand ils sont mis en bouteille dans leur première année, il doit donc y rester de **11** g. à **16** g. de sucre indécomposé; s'il s'y en trouve davantage, il faut qu'il y ait moins d'alcool ou qu'on ait ajouté du sucre.

Ainsi on voit ci-dessus que le vin naturel de Saumur, année 1834, contient **116** cc. d'alcool au lieu de **175** cc. maximum qu'il devait atteindre dans une aussi bonne année, il y manque donc **59** cc. ou 48 g. d'alcool dont il faut retrouver l'équivalent en sucre; à 48 g. répondent **96** g. de sucre de raisin et nous en avons trouvé 95 g.; il n'en a donc point été ajouté. Nous croyons devoir faire observer à ce sujet que la quantité de l'alcool et du sucre appelés à se transformer ici successivement, et l'un par l'autre, nous explique parfaitement cette transformation et cette amélioration si caractéristique et si remarquable de nos vins blancs, dont nous avons parlé précédemment.

En 1836 le moût ne contenait que 190 g. de sucre de raisin équivalant à 97 g. ou 123 cc. d'alcool, nous avons trouvé ci-dessus 117 cc. dans le vin façon de Champagne, qui est de 1836; il ne devrait donc y rester en sucre que l'équivalent de 6 cc. ou 4 g. 77 d'alcool, lequel est 2 g. 43; il y en a 92 g., le sucre a donc été presque tout ajouté; on pourrait même dire que la totabilité a été mise après coup dans le vin, car une partie de l'alcool trouvé peut aussi avoir été ajoutée.

Les vins en bouteilles des côteaux de Saumur, de 1825, examinés en 1828, et de 1834 examinés en 1837, contenaient par litre 140 cc. alcool pur. Les vins de Champagne mousseux contiennent toujours de 110 à 120 cc. alcool pur.

Et ceux non mousseux aussi de Champagne 120 à 130 cc. alcool pur.

Pour pouvoir se garder sur place en barriques, les vins ne doivent pas contenir moins de 90 à 100 cc. alcool pur.

Et pour supporter de longs voyages en barriques, ils doivent être riches de 110 à 120 cc. alcool pur.

Nous venons de voir que la quantité de tartre est bien plus considérable dans le moût que dans le vin qui en provient. Une partie du tartre paraît donc détruite par la fermentation, ou plutôt précipitée par l'alcool qu'elle développe. Plus tard le méchage en détruit une autre partie, donc le mutage ou méchage est utile à ce point de vue et dans les vins trop naturellement chargés de tartre, ou de tartrates de différentes natures.

La quantité d'acide étant la même dans le vin naturel, que dans le moût qui l'a produit, il ne paraît pas se produire d'acide lors de la fermentation des vins blancs; tandis que dans les vins rouges qui sont cuvés, il se forme toujours de l'acide acétique.

Nous avons cru devoir mettre en regard des considérations et des analyses qui précèdent le tableau suivant, dont avec un calcul aussi simple que facile on pourra comparer les résultats avec ceux de nos produits vinicoles locaux.

Tableau des quantités d'alcool absolu de 0,825, contenus dans les vins dont les noms suivent.

SUR CENT PARTIES EN MESURES IL Y A D'ALCOOL PUR.

Vin de Lissa	26,47
— de raisins secs	26,10
— de Marsalla	26,03
— de Madère	24,42
— — autre	23,93
— — sercial	21,40
— de Xerès	19,81
— — autre	18,25
— de Ténériffe	19,79
Vin de Colarès	19,75
— Lacryma Christi	19,70
— De Constance blanc	19,75
— — rouge	18,92
— De Malaga très vieux (séculaire)	18,94
— Bucellas	18,49
— Madère rouge	22,30
— Cap Muscat	18,25
— Cap Madère	22,94
— Calcavella	19,20
— Vidonia	19,25
— Albaflora	17,26
— Malaga	17,26
— Ermitage blanc	17,40
— Roussillon	19, »
— — autre	17,20

Voyons maintenant si, d'après ce que nous venons
de dire, nous pouvons apprécier quelques-unes des
causes de l'imperfection de nos vins et des moyens d'y
remédier. Dans les mauvaises années une grande partie des matières qu'une maturité complète aurait changées en sucre, reste à l'état de mucilage d'extractif et
d'acide qui communiquent aux vins une verdeur très-
sensible; le ferment se trouvant en grand excès rela-
tivement au sucre, ce dernier est complétement de-
composé, et le vin devient sujet à plusieurs maladies
dont nous parlerons bientôt. Dans ces conditions le
moût, avant la fermentation, ne pèse que 9 à 10 degrés, et quand elle est achevée le vin pèse à peine 2
degrés, et encore cette densité provient plutôt de l'a-

cide libre et de l'extrait que du sucre. Dans les bonnes années le moût pèse 16 à 18 degrés, et le vin qui en provient pèse encore 7 à 8 degrés quand la fermentation tumultueuse est terminée. On voit qu'ici et indépendamment de la dégustation et des circonstances antérieures, nous avons un moyen de confirmation et de certitude, quant à la qualité et à la valeur présente ou future des vins. Pour remédier à cette imperfection ou verdeur des vins, il n'y a que deux moyens, ou ajouter du sucre ou soustraire du ferment pour empêcher la décomposition de toute la matière sucrée. Ajouter du sucre n'est ni économique, ni facile, et peut souvent ne pas atteindre le but qu'on se propose : quelques personnes ont eu l'idée de faire bouillir le moût afin de coaguler les matières albumineuses, et d'enlever sous forme d'écume, une grande partie du ferment qui se transforme ainsi. D'autres ont pensé qu'on pouvait aussi enlever le ferment à froid, en laissant plus ou moins longtemps le moût dans des cuves ou vases à larges ouvertures dont on pouvait enlever incessamment ainsi, les écumes qui se formaient à leur surface.

D'autres personnes plus ou moins étrangères à la chimie ont cru qu'en neutralisant, l'acide libre que contient toujours le moût, on le rendrait plus doux, et pour y parvenir, elles y ont ajouté de la chaux ou de la craie, et ont ainsi plus ou moins affaibli ou gâté leur vin.

Toutes ces pratiques et toutes ces opérations plus ou moins artificielles, ne peuvent être employées en grand qu'imparfaitement et ne sont guère susceptibles de l'être avec quelque succès que par une industrie plus ou moins spéciale et plus ou moins intelligente, à laquelle d'autre part des bénéfices et des débouchés suffisants pourraient être assurés quant à des produits qui, traités et améliorés ainsi, auraient alors une valeur vénale supérieure à celle des produits naturels et tels quels du pays ; la production est donc condamnée jusqu'à ce que l'on ait du moins le dernier mot sur tous les mystères de l'analyse et de la fermentation des vins, à attendre de bonnes années et des années plus ou moins privilégiées, choses beaucoup moins rares d'ailleurs qu'on ne le dit et qu'on ne le croit communément, ainsi que nous le prouverons bientôt en les recherchant et en les comparant entre elles. Nous allons terminer cet indispensable et important article sur les vins par l'étude des altérations et des maladies qui peuvent l'attaquer, et dont la plupart sont dues, ainsi que nous venons de l'entrevoir, soit à l'imperfection des produits eux-mêmes, soit aux manques de soin dont les vins sont l'objet, soit à la mauvaise nature ou à la mauvaise qualité des fûts employés, soit à une foule d'autres causes accidentelles ou fortuites, qu'il ne nous est donné en ce lieu ni de prévoir ni de signaler.

Les altérations ou maladies qui pour la plupart s'attaquent aux vins, aussi bien en barriques qu'en bouteilles, sont les suivantes : 1° le feu, acide ou piqué ; 2° la pousse ou le poux ; 3° le gras ou la graisse ; 4° le goût de fûts ou de bois ; 5° le roux ou noir ; 6° l'amer, etc.

Des altérations ou maladies des vins de nos régions.

Les qualités, notablement spiritueuses des vins du département de Maine et Loire, sont assez prononcées pour que l'universalité des vins blancs, surtout, ne soient sujets à aucune altération dans la généralité des cas, alors qu'ils sont soignés convenablement. Seulement les vins blancs, après un plus ou moins long laps d'années, peuvent prendre une légère amarescence ; les vins rouges perdre leur force et *devenir plats,* décolorés, mais sans avoir aucun dégoût.

Il est vrai que dans les *petits vignobles* et dans les années médiocres ou mauvaises, ils sont plus portés à s'altérer. Cependant il est assez rare qu'ils *tournent au gras :* c'est-à-dire qu'il se développe une surabondance de mucosité au moyen de laquelle le vin file comme le ferait de l'huile, état signalé par les expressions *gras* ou de *graisse.*

Si une pièce de vin est tournée entièrement au gras, ou si elle commence à en prendre le caractère, on y obvie par *un collage,* soit au moyen de la colle de poisson, soit par celui de quatre à cinq blancs d'œufs battus dans un demi litre de vin et mêlant le tout au vin altéré par un battage ou mélange parfait au moyen d'un long morceau de bois. On soutire le vin après quelques jours de repos. Quelquefois cette altération disparaît elle-même dans l'année ou l'année qui suit, lorsqu'elle n'est pas trop prononcée, mais il n'est pas prudent de compter sur ce retour, parce que le gras est une prédisposition à la décomposition totale ou *poux.*

M. le Président de Beauregard, dans sa *notice sur la vinification* (1), a fourni les moyens de préserver tous nos vins *du gras* dès le principe de leur fabrication, pour les années prédisposant à cette altération.

On pressent bien que nous rejetons, pour obvier au gras du vin, et l'addition du suc de citron, et celle de 30 grammes d'acide sulfurique par hectolitre, bien que ces moyens se trouvent indiqués dans des ouvrages de réputation.

Lorsque la maturité n'a pas assez poussé à la formation du principe sucré, le mucilage prédomine ; ce mucilage dans le moût se précipite, et dès lors il est facile de l'isoler de la masse du moût par la décantation, au moins en partie, car il.doit en rester pour remplir toutes les conditions d'une fermentation favorable.

On peut dans le même cas, ajouter au tannin qui manque au moût, par le moyen d'un k. de suc de cormes vertes, par hectolitre de vin ; ou même par l'addition de deux hectog. de bitartrate potassique (même de tartre) ; ce qui est plus économique et moins sophistique que l'addition du principe sucré.

L'ébullition, recommandée par le chimiste Sebille, de Saumur, pour enlever une partie de ce mucilage ou ferment superflu, est peu praticable en grand et offre encore quelques désavantages, même autres que ceux de l'augmentation de dépense et de main-d'œuvre.

On sait généralement, que les symptômes *du gras* peuvent être paralysés dans leur dernier effet, *le pourri,*

(1) Mémoires de la Société d'Agriculture, Sciences et Arts d Angers. Tom. 2, p. 213.

par la seule décantation, après un battage prélimi-
naire et un peu de repos.

Le mutage, par l'intermédiaire des mèches soufrées,
s'il a l'avantage de donner un peu de *montant* aux
vins communs, tout en prolongeant la durée de leur
douceur, s'ils en ont, a l'inconvénient aussi de donner
aux vins une saveur peu agréable pour les palais délicats, et de les rendre *entêtants*, ou plus susceptibles
de porter à la tête; aussi les bons vins blancs des *hauts
crûs,* n'ont pas besoin de cette sorte de préparation,
en quelque petite quantité même que l'on veuille l'appliquer.

Lorsque le vin *prend du feu,* ce que certains œnologues signalent par l'expression de *goût piqué*, c'est-
à-dire, lorsque les premiers signes d'ascescence ou
acidité paraissent, ou peut y obvier, d'une manière
très remarquable, par l'addition de quelques grammes
de poussière de *craie de Meudon* ou *blanc d'Espagne;*
il est vrai que si, par ce moyen, on forme de l'*acétate
de chaux*, qui se précipite et qu'on enlève par la décantation, le vin paraît plus faible : il ne l'est qu'en
apparence, puisque ce moyen n'enlève en effet que
l'acidité du vin. Ce procédé au surplus est de toute
innocuité, tandis que l'addition du sous-acétate de
plomb est un véritable empoisonnement, condam-
nable d'après la loi. Il n'en est pas de même pour
ceux qui veulent bien faire le sacrifice de 7 kilog. de
sucre par pièce de vin, lequel au moyen d'une nouvelle fermentation s'opérant par 20 degrés de température centésimale, s'identifie avec le vin, le renou-
velle complétement.

Le vin qui commence à *prendre du feu,* est pré-
servé des suites de ce symptôme d'acidité, par la

présence d'une betterave cuite au four et suspendue par un fil au milieu de la barrique, pendant trois semaines à un mois : ayant la précaution de laisser seulement à cette betterave le diamètre de l'ouverture de la futaille. Tel est au moins le procédé employé avec succès par un marchand de vin en gros.

Ce même vin, s'il est rouge, *ayant du feu*, le perd si on le fait passer sur de nouvelle vendange, dans les endroits où l'on fait cuver le raisin.

L'addition de la *litharge* ou oxide vitreux de plomb, est encore une sorte d'empoisonnement du vin que l'on prétend édulcorer par cette addition; mais un peu de sulfure potassique ou *foie de soufre,* en démontre la présence, en noircissant immédiatement le vin ou blanc ou rouge, qui en renferme la moindre parcelle.

On utilise quelquefois, et avec assez de succès, l'emploi des vieilles et bonnes lies, pour un peu adoucir les *vins aigris,* avec la précaution toujours du soutirage.

L'*amertume* que contractent quelquefois nos vins blancs en vieillissant, souvent même ceux de bonne qualité, est difficile à faire disparaître, à moins de collage, soufrage et soutirage, toutes manipulations embarrassantes. Si c'est du vin en bouteille, on peut y obvier en y mettant gros de sucre comme une noix et laissant reposer quelques jours.

Quelques vins blancs *roussissent,* ce qui est un très grave inconvénient pour le plus grand nombre des consommateurs, tandis que pour d'autres c'est une qualité : le vin, par le moyen de cette oxigénation, gagnant en parfum ce qu'il perd en l'impidité. On a recommandé le soufrage nouveau, le soutirage et l'addition d'un peu de glace, tous moyens dont nous n'avons pas l'expérience, par nous-même.

Nous avons seulement remarqué que les vins blancs non avouillés durant la fermentation, et bouillant sous bonde avec des tubes recourbés, étaient plus disposés à roussir. Le *roux*, pour les vins de haut crû, lorsque le vin est en vidange dans les 24 heures, donne un parfum et une saveur qui rappelle ceux des vins blancs de nos régions les plus méridionales de France.

Un marchand de vin en gros, de notre connaissance, pour enlever le roussi du vin, passe par la bonde un paquet d'épis de seigle battu, tant que l'ouverture en peut laisser passer, et les laisse ainsi plongés dans le vin, un mois ou six semaines et le *roussi* est enlevé, sans avoir besoin de recourir à la clarification.

Les *goûts* de *verri*, de *moisi* ou de *fût*, tiennent aux mauvais soins donnés aux futailles, par le développement des moisissures, sur les parois intérieures des barriques; mais on peut l'enlever par des lavages successifs, surtout à chaud et mieux encore par l'application d'une *laitance* de chaux, à tout l'intérieur, avant d'y remettre du vin.

Mais si le vin a pris cette détestable saveur, on peut radicalement y obvier par l'addition de 500 à 750 grammes de noir animal par pièce de vin, et le soutirage après quelques jours du mélange. Au second mélange semblable, et en collant et soutirant ensuite, il n'est aucun vin qui ne perde cette saveur désagréable. Nous ne dirons pas qu'il gagne en qualité, ce serait induire en erreur ; le charbon enlève toujours un peu, en même temps, de ce parfum que l'on désigne sous le nom de *goût de fruit*.

M. Ollivier de Laleu, notre collègue, a parfaitement réussi à enlever le *goût de fût* à plus de cent pièces de vin, au moyen d'alcool brûlé dans l'intérieur de la barrique, et voici comme il procède :

La barrique ayant bien été lavée à l'esprit de vin ou trois-six du commerce, dans la proportion d'un demi-litre par pièce, ayant soin par le roulement, que tous les points de la surface intérieure soient humectés, on met le feu à l'alcool qui se communique dans tout l'intérieur et enlève toute mauvaise odeur (1).

Dans le même cas d'altération, l'on a conseillé de prendre 60 à 90 grammes de noyaux de pêche ou d'abricot, pilés et infusés pendant quinze jours dans le vin, et aussi d'employer quelques cormes coupées en morceaux.

Les vins rouges sont plus susceptibles de tourner ou au *poux*, au *pourri* ou à la *pourriture*, que nos vins blancs, et c'est pour eux, le dernier degré du *gras* qui ne se prononce que sous ce symptôme, sans être précédé véritablement *du gras*. Il est peu de ressource pour obvier à cette notable altération particulière aux *petits vins rouges*, s'ils sont laissés trop longtemps en barrique. Dans cet état, ils peuvent encore fournir de l'alcool, tandis que les vins passés décidément à l'acidité n'en fournissent plus, et ne sont propres qu'à fabriquer de véritable vinaigre.

(1) Voyez t. 3, p. 14, des *Travaux du Comice horticole de Maine et Loire.*

La défectuosité que nous signalons est désignée par les expressions de *la pousse;* le *vin poussé* dénote le dernier degré d'altération en ce genre, dont l'extrême est la *pourriture*, qui se découvre par une odeur très répugnante, et alors le vin est véritablement perdu sans ressource.

La *verdeur* habituelle dans les années de mauvaise maturité, peut être masquée par l'addition d'une certaine quantité de principe sucré, mais elle ne serait enlevée que par addition de carbonate calcaire au poids de 125 grammes par barrique de moût, ou par une nouvelle fermentation avec le principe sucré.

Les *vins durs*, c'est-à-dire dans lesquels le principe astringent ou tannin se prononce trop fortement, peuvent être mitigés par les mêmes additions que la verdeur, mais cela offre moins d'inconvénient que la verdeur, cette *dureté* du vin lui assurant une plus longue durée et lui procurant même un peu de corps. Il est à croire que c'est ce princiqe qui finit par passer à l'*amer* ou *amertume*, dans les vieux vins.

Les vins parfaitement dépouillés de tout excès de principe extractif, né de la pellicule du raisin ou du suc de la rafle, par addition de principe sucré en très légère quantité, perdent leur qualité dite de *vin âpre* ou de *vin dur*, et deviennent plus agréables et plus *potables*.

Les *fleurettes* ou la *fleur du vin*, sont les premiers signes d'une altération prochaine, si l'on n'y obvie. Il tient à ce que la surface du vin se trouve en rapport avec l'air d'une manière plus ou moins directe. C'est une véritable végétation. Une décantation immédiate en arrête les suites, de même que l'addition d'un peu d'alcool.

Les *vins troubles* annoncent ou un renouvellement de fermentation, à certaines époques de l'année, ou un commencement d'altération, et c'est là le cas de juger s'il est convenable de s'abandonner aux phénomènes naturels ou d'opérer un soutirage, qui peut arrêter les suites du commencement d'altération.

Si ce trouble est une fermentation qui tend à détruire une partie du principe sucré que l'on veut conserver dans le vin, pour lui conserver *sa douceur*, on le mûtera, au moyen du méchage par la bonde, après avoir enlevé une petite partie du liquide pour le remettre après le *méchage,* ou en le soutirant dans un nouveau fût bien méché : ce qui pour nous est toujours au désavantage de la véritable qualité du vin.

COMPTE RENDU

DES PRODUITS VINICOLES.

Dégustation. — Appréciation des vins.

Ainsi que nous l'avions précédemment annoncé par nos programmes et circulaires, l'exposition permanente des produits horticoles et vinicoles du département, commença en juin 1849, et ne fut terminée qu'à la fin de janvier 1850.

Cette exposition générale s'ouvrit d'abord par l'exposition ou bazar des fleurs, qui du reste a lieu chaque année vers le mois de juin et à l'époque dite de la foire du Sacre, et continua ainsi et successivement par l'exposition permanente et saisonnière de tous les fruits produits et cultivés dans le jardin fruitier de la Société, et de tous ceux du département auxquels nous avions également fait appel au fur et à mesure de leur maturité, pendant les mois de juillet, d'août et de septembre; à partir de cette époque jusqu'au mois de novembre et jusqu'à la foire

de la Saint-Martin, qui avait été primitivement indiquée comme devant terminer cette exhibition spéciale,
aux fruits proprement dits, vinrent bientôt s'ajouter et
se substituer en plus ou moins grand nombre, les raisins de table et de vigne, les vins, les plantes alimen-
taires, les graines, les céréales, etc. Une prolongation
ayant été jugée indispensable, afin de compléter et
d'étendre autant que possible la statistique et l'enquête
qui s'annonçaient déjà sous les plus heureux auspices,
de nouvelles circulaires destinées à faire connaître
que la dégustation et l'appréciation officielle et publique des vins, étaient irrévocablement fixées au dimanche 13 janvier 1850, furent immédiatement adressées, ainsi qu'on l'a précédemment indiqué.

Comme on le pense bien, une exposition aussi
importante, aussi multiple, aussi complexe et aussi
variée, ne pouvait manquer de fixer l'attention publique, et particulièrement celle des intéressés eux-
mêmes; aussi pouvons-nous dire avec autant de
sincérité que de reconnaissance, que pendant les six
grands mois que dura cette exhibition sans exemple,
étrangers et concitoyens ne cessèrent, tant par leur
concours que par leur assiduité, de nous témoigner à
l'envi et leurs sympathies et leurs encouragements.
Mais ce qui fut surtout dans cette circonstance, pour
tous et pour chacun, un spectacle aussi nouveau
qu'attrayant, ce fut celui de cette dégustation, qui
pendant quinze jours entiers eut le pouvoir d'attirer
et de captiver, en dépit des plus rigoureuses journées
de l'hiver, un auditoire aussi nombreux qu'éclairé.

Quelques détails préliminaires nous ayant semblé
indispensables, pour bien faire comprendre toutes les
opérations ultérieures, ainsi que pour attester les soins

aussi minutieux qu'impartiaux apportés à cette occasion par le comice, nous allons essayer d'en indiquer rapidement quelques-uns des plus importants.

D'abord pour mettre de l'ordre et de la méthode dans la division et le classement de notre domaine vinicole et de ses produits, il nous fallut procéder, avant tout, à une sorte de classification ou de topographie vinicole telle quelle, aussi en rapport que possible avec les divisions géographiques, administratives et naturelles déjà existantes. C'est ce que nous avons essayé de faire, ainsi qu'on le verra bientôt, en partageant ainsi notre département en cinq grandes zones formées des divers bassins et plateaux qui s'y rencontrent. Ceci fait, nous n'eûmes plus alors qu'à subordonner à ces cinq ordres ou classes de terrains, tous les vins et produits qui nous avaient été adressés, de tous ces points divers, en en formant ainsi cinq sortes ou catégories distinctes. Puis indépendamment des indications et des suscriptions que portait chacun des échantillons ou bouteilles en question, nous crûmes devoir y ajouter de plus, un chiffre ou numéro d'ordre, destiné à être lui seul publiquement connu et indiqué lors du tirage au sort, de chacun des produits dégustés.

Outre la commission d'organisation ci-dessus indiquée, une commission générale, dont celle-ci fit de droit partie, fut ensuite instituée pour présider aux opérations officielles et publiques de l'enquête et de l'appréciation des vins; cette commission qui fut présidée par M. le président du comice, nomma pour ses présidents d'honneur M. le préfet du département et M. le maire de la ville d'Angers, et comme membres adjoints et principaux, MM. les présidents de la

Société d'Agriculture, Sciences et Arts, et de la Société Industrielle d'Angers, ainsi que MM. les délégués et œnologues étrangers.

Un jury mobile de dégustation et d'appréciation, dont le bureau fut ainsi l'élément permanent, fut ensuite, et tour à tour, choisi et réélu plusieurs fois pendant chaque séance, parmi MM. les propriétaires, vignerons et tous autres exposants et intéressés présents à la réunion. Deux secrétaires rédacteurs furent chargés d'enregistrer les avis et jugements, tous pris et recueillis à la majorité des voix et suffrages. Pour cela faire, ainsi que pour donner plus de rapidité, plus d'homogénéité et plus d'ensemble à cette partie de l'opération, un tableau tout à la fois synthétique, technologique et spécial, résumant en quelques mots tout ce qui importe à la viticulture, ainsi qu'à l'œnologie, et dont il n'y avait plus qu'à suivre et à remplir les colonnes, avait été imprimé avec soin et tiré à un nombre d'exemplaires égal à celui des produits à déguster.

Enfin deux tableaux calligraphiques, dus à la plume ou plutôt au pinceau de l'un de nos collègues (1), le premier indiquant les noms de MM. les membres de la commission générale; et le second, le nom de tous les exposants, par ordre de priorité et d'admission des produits; plus un exemplaire du règlement faisant connaître à chacun ses obligations et ses droits, furent affichés et exposés dans la salle des séances.

Le rapport exact et détaillé, les véritables procès-verbaux de toutes ces opérations individuelles et par-

(1) M. Quelin, que la Société vient d'avoir la douleur de perdre il y a quelques jours à peine.

culières, étant donnés, nous allons essayer à notre tour, de rapprocher et de grouper ensemble, conformément aux divisions et classifications précédemment posées, les chiffres qui les caractérisent et les résument le mieux aux divers points de vue de leur qualité, de leur valeur, de leur importance, de leur économie et de leur géographie comparés.

Nous n'avons pas jugé utile de reproduire ici ce qui se rapporte à la géologie de nos terrains vinicoles, ayant déjà eu l'occasion d'en parler ailleurs. Mais ce que nous croyons devoir dire en ce lieu pour la plus grande intelligence des faits, c'est qu'Angers et ses environs ayant été pris par nous, et ce plus ou moins arbitrairement peut-être, comme centre ou région intermédiaire et telle qu'elle d'opération, il est bien entendu que ce n'est que dans ce sens que nous avons cru devoir appeler ainsi Haut-Anjou, toutes les régions, plateaux et bassins qui circonscrivent cette ville au nord-nord-est, est-nord-est, est, est-sud-est, sud-sud-est; puis par contre, nous avons appelé alors du nom de Bas-Anjou, tous les plateaux et bassins des régions de l'ouest, qui avoisinent également les rives droite et gauche de la Loire et du Layon.

HAUT-ANJOU.

1° *Arrondissement de Saumur, plateaux et bassins de la Loire, rive gauche et rive droite; plateaux et bassins de la Dive et du Thouet, etc.*

L'arrondissement de Saumur a été représenté par 11 communes; quinze propriétaires vignerons ou producteurs, qui ont envoyé 57 échantillons ou bouteilles de leurs produits, 34 de vins blancs, et 23 de vins rouges. Les communes représentées sont : sur la rive gauche de la Loire, Souzay, Varrains, Saint-Cyr-en-Bourg, Saumur, Montreuil-Bellay, le Vaudelnay, Cizay, le Brossay, Saint-Florent, Trèves-Cunault, Grézillé ; et sur la rive gauche, la commune de Neuillé. Voici maintenant les noms de MM. les propriétaires exposants :

Ackermann, Allotte, Mme Amouroux, Bernard de la Frégeollière, de Beauregard, de Crozé, Cosnuel, Garreau, Lucien Guérin, de Montaigut, Priou, Roy, Roberdeau, et Vallot.

Les vins rouges et blancs les plus remarquables sont ceux qui ont été recueillis dans les communes de Souzay, et spécialement dans les clos et crus de Champigny-le-Sec et des Cordeliers; de Varrains, et de Saint-Cyr-en-Bourg. Dans la première de ces communes ce sont surtout les vins rouges dont la qualité et la supériorité reconnues depuis longtemps, ont été de nouveau appréciées et constatées dans tout le cours de notre dégustation ; à Varrains les vins rouges et les vins blancs sont presqu'également remarquables aussi, et ces derniers occupent l'un des premiers rangs parmi les vins si réputés dits des côteaux de Saumur; tandis qu'à Saint-Cyr-en-Bourg, qui se relève plus vers le sud, ce sont surtout les vins blancs qui s'y distinguent le plus éminemment, en ayant de plus un type, un cachet, un arôme ou bouquet, *sui generis,* et spécial, qui ont dès l'abord surpris et dérouté nos dégustateurs peu familiarisés du reste avec une sorte d'étrangeté, dont quelques personnes ont avec raison fait remarquer l'analogie avec certains vins blancs des côtes du Rhône et autres. MM. les propriétaires à qui appartenaient surtout les vins d'élite de cette contrée dont l'Anjou doit à bon droit s'enorgueillir sont : Madame Amouroux, MM. Roy, Vallot, Bernard de la Frégeollière, Allotte et Cosnuel, dont nous recommandons particulièrement les produits.

Les vins blancs et rouges de Saint-Florent près Saumur, envoyés par M. de Beauregard, quoique recueillis sur la rive gauche du Thouet, n'en ont pas moins beaucoup de rapports de qualités avec les précédents. Plus au-dessous de Saumur, et toujours sur la rive gauche de la Loire, les communes de Trèves-Cunault et de Grézillé nous ont envoyé des vins rouges de qualité inférieure assurément, mais plus apéritifs et peut-être d'un meilleur et plus facile ordinaire que quelques-uns des vins dont nous venons de parler. Enfin et dans une zone viticole plus avancée dans les terres, et vers les plateaux de la même rive, entre-coupés eux-mêmes par les petits bassins de la Dive et du Thouet, les communes de Montreuil-Bellay, de Vaudelnay, du Brossay, etc., nous ont envoyé des produits rouges et blancs de qualités très-sensiblement inférieures à celles des vins des côteaux de Saumur. Ces vins et surtout les blancs n'en ont pas moins leur mérite et leur spécialité. Ils produisent en grande abondance, et parfois avec des cépages moins estimés que ceux employés à la fabrication des vins précédents ; ce sont pourtant ces vins qui achetés à très-bas prix sont exclusivement appelés à Paris vins d'Anjou, et reconnus pour tels ; ils servent alors dans une proportion dont nous parlerons plus tard pour le coupage en grand des vins qui se vendent ainsi dans la capitale sous de tout autre noms que le leur. Les plus inférieurs servent, en outre, pour la fabrication des eaux-de-vie, à laquelle on employe tous ceux qui ne sont pas enlevés et vendus en temps opportun. Quelques localités produisent en outre des petits vins rouges assez agréables pour la consommation ordinaire du pays. C'est à l'obligeance de MM. Thomas, Lucien Guérin, et de Crozé qui nous a de plus envoyé un échantillon de ses eaux-de-vie, que nous devons d'avoir eu quelques-uns des spécimens de cette production viticole, dernière limite de ces produits du côté de la frontière Poitevine.

Sur la rive droite de la Loire un seul propriétaire a bien voulu répondre à notre appel, c'est M. Charles Roberdeau, propriétaire à Neuillé, qui le dispute avec raison à Saint-Nicolas de Bourgueil lui-même; les vins rouges de cette vallée silicéo-calcaire, qui en produit en assez grande abondance, sont, ainsi que nous l'avons dit, assez généralement assimilés dans le commerce aux bons vins de Bordeaux ordinaires; l'échantillon que nous avons été à même d'apprécier justifiait du reste de cette analogie.

Nous avons cru devoir faire une mention à part de l'important envoi, à nous adressé par M. Ackermann, propriétaire industriel à Saumur; attendu que les vins blancs qu'il a bien voulu nous envoyer, procèdent de deux sources différentes, les premiers, ses vins dits champanisés, étant le résultat d'une véritable et nouvelle industrie allant puiser ses matières premières dans un département voisin; et les seconds appartenant à des produits naturels, cultivés et recueillis dans les vignobles actuels des coteaux de Saumur proprement dits.

6

Les vins blancs champanisés de **M. Ackermann**, qui les divise lui-même en secs et doux, en grands et petits mousseux, sont faits avec des vins provenant de cépages rouges cultivés dans le département d'Indre-et-Loire. Ces vins remarquables par les qualités qui les caractérisent, et jusqu'à un certain point par leur légèreté et leur limpidité, n'en accusent pas moins pour un observateur aussi expert qu'attentif une petite couleur d'un blanc rosé assez sensible, ainsi qu'un arrière-goût étrange et spécial, que, tout en l'avouant, **M. Ackermann** attribue à la nature du vin et du cépage employé pour l'obtenir ; loin d'être un inconvénient, **M. Ackermann** pense au contraire que ce goût tel quel, est, selon lui, ce qui lui donne précisément le plus d'analogie avec le véritable champagne lui-même. Du reste les échantillons nombreux et variés que nous devons à l'extrême obligeance de **M. Ackermann**, dont les produits sont aujourd'hui l'objet d'un commerce de plus en plus considérable, ont mis la commission de dégustation parfaitement à même de s'édifier à ce sujet, et de donner à cette occasion un avis parfaitement juste et motivé.

Quant aux vins des côteaux de Saumur, produits supérieurs et naturels du pays, **M. Ackermann** a dû assurément les recueillir ou les emprunter aux meilleurs clos qui les produisent. Mais quelle que soit la supériorité de ces vins, leur douceur extrême et leur goût souvent pâteux, tendraient à les ranger ainsi que certains vins du Midi, plutôt parmi les vins de liqueur que parmi les vins de dessert, plus apéritifs et de plus facile digestion.

2° Arrondissements de Baugé et de Segré; plateaux et bassins du Loir, de la Sarthe et de la Mayenne, etc.

Cette vaste et importante région qui est presque exclusivement agricole, et qui, sous un autre rapport, est en outre la dernière limite de nos cultures vinicoles vers les frontières du Maine et de la Normandie, n'en a pas moins répondu à notre appel, et 11 communes, 16 propriétaires et 28 produits, 24 en vins blancs, plus 4 en vins rouges, se trouvent enregistrés dans le catalogue de notre exposition.

Les 11 communes en question sont les suivantes : le Vieil-Baugé, Corné, Jarzé, Suette, Corzé, Mazé, Briollay, Soucelles, Châteauneuf, etc.

Les 16 propriétaires sont MM. Barillé fils, Bernard de la Fosse, Bertin-Poulain, de la Pommeraie, Follenfant, Logerais père, Hossard (Jules), Haran (Charles), Jamin, Legoux-Duplessis père, Lemotheux Ollivier, etc.

Les vins de cet arrondissement sont beaucoup moins doux, moins généreux, moins vins de choix et d'élite que les bons vins des coteaux de Saumur dont nous venons de parler; mais par contre, ils ne descendent jamais aussi bas que les petits vins blancs du précédent arrondissement. Les vins de celui dont nous parlons sont en général des vins ordinaires, de qualités égales et assez soutenues, et qui même, dans les bonnes années, et ainsi que nous le verrons, sont assez souvent susceptibles d'atteindre à des qualités aussi remarquables que satisfaisantes. Ces vins sont, pour la plupart, légers, droits, délicats, très limpides et fort apéritifs, et prennent parfois un goût de fruit agréable et distingué.

Parmi les produits exposés, nous croyons devoir signaler celui récolté en 1846, par M. C. Haran, de Mazé; celui de la Roche-Foulques de Soucelles, appartenant à M. Logerais; et surtout ceux envoyés par MM. Follenfant et Lemotheux, recueillis à Briollay et Châteauneuf en diverses années. Les vins adressés par MM. Barillé fils, Hossard, Bernard et de la Pommeraie, surtout ceux de ces deux derniers, qui nous en ont fait un envoi appartenant à un certain nombre d'années comparatives, dans les communes de Soulaire et Bourg, nous ont semblé avoir plus de corps, plus de montant, être plus généreux, mais beaucoup plus capiteux aussi que les précédents; ils se conservent, ainsi que nous en avons pu juger par l'âge de l'échantillon, fort bien fort longtemps, et supportent parfaitement bien le voyage; ils ont, sous certains rapports, beaucoup d'analogie avec certains vins des environs d'Angers, de Saint-Barthélemy par exemple, dont nous aurons bientôt l'occasion de parler.

Quant aux vins rouges, cultivés depuis peu dans ces contrées, des deux échantillons de produits envoyés par MM. Berlin-Poulain et Legoux, les premiers, qui avaient été puisés dans les tonneaux mêmes, ont semblé bien jeunes pour être appréciés; le second, un peu plus fait, a paru avoir des qualités et de l'avenir, ce qui doit encourager à la culture des cépages rouges dans les environs de Suette et de Corzé, sols et sous-sols plus ou moins calcaréo-siliceux, ou silicéo-calcaires.

RÉGION INTERMÉDIAIRE.

*Angers et communes environnantes; plateaux et bassins de
la rive droite, et de la rive gauche de la Maine, etc.*

Ainsi que nous l'avons dit, la division que nous
avons cru devoir établir ici, ne se rattache à aucune
division absolue quelconque : c'est une division systé-
matique, et plus ou moins arbitraire, autour de laquelle, comme point central, point d'opération, et
point de contact, il nous a ainsi semblé facile de faire
agir et rayonner tout ce dont nous avions à parler.
Sous un autre rapport, et ainsi que chacun va s'en
convaincre, certaines analogies, plus ou moins grandes, du sol et de ses produits, les exigences et la faci-
lité de notre travail, nous ont plus ou moins imposé
d'ailleurs cette marche aussi simple que facile.

Du reste, Angers et sa petite banlieue communale
a été représenté par 10 communes, par 20 propriétaires et 51 produits : 38 de vins blancs et 13 de
vins rouges.

Les communes en question sont celles d'Angers,
de Saint Barthélemy, de Trelazé, Foudon, Andard,
Saint-Sylvain, Beaucouzé, Saint-Jean-de-Linières,
Bouchemaine, Sainte-Gemmes-sur-Loire, etc.

Les propriétaires exposants sont MM. Allard-Gontard, Mme veuve Caillaud, Charbonnier, Chevallier,
Brouard de Boullongne, du Tillet, Goujon, Gontard
père, Guérin-Desbrosses, Guillois, Hébert (Eugène),
Langlois-Courant, Lechalas (Gustave), Legris (Victor), Legris père, Lesourd-Delisle, Mirault, Pavie
père, Thuau-Verrières, Mlle du Grand-Launay, etc.

Les vins d'Angers et ses environs, presque placés

au centre des grandes régions vinicoles que nous avons cru devoir établir, et presque exclusivement ou en très grande partie, toutefois, cultivés et recueillis sur des plateaux et dans des bassins plus ou moins schisteux, schisto-argileux, siliceux, silicéo-calcaires, entrecoupés d'autre part par des noyaux de calcaire-marbre ou de transition, nous ont présenté des caractères si remarquables et si variés, tant parmi les rouges que parmi les blancs, que sur ce seul point, et dans ce même espace, ils nous ont presque semblé résumer à la fois, non-seulement les qualités et les avantages, mais encore jusques aux supériorités diverses de tous les autres vins du département, ceux des plateaux et bassins de l'arrondissement de Saumur exceptés, bien entendu.

Ainsi et par exemple, les bons et meilleurs vins blancs de la rive gauche et de la rive droite de la Maine, plateaux et bassins dépendant d'Angers, et de quelques-unes des petites communes qui rayonnent autour de cette ville, tels que les vins de Saint-Barthélemy, de Trelazé, de Foudon, d'Andard, de Saint-Sylvain, de Beaucouzé, de Saint-Jean-de-Linières, des Fouassières, de Saint-Laud d'Angers, de Sainte-Gemmes-sur-Loire, dont nous avons été à même de comparer les échantillons, quant à une production moyenne de 50 années environ, nous ont particulièrement offert, parmi les vins blancs de 1825, de 1834, de 1846 et de 1848, des types et sortes de vins aussi fins, aussi remarquables et aussi distingués que la plupart de ceux recueillis dans nos crûs réputés de tout temps les meilleurs et les plus parfaits.

Au milieu de cette collection de produits d'élite,

chacun a pu remarquer ainsi que nous, et au premier rang, ceux de Madame veuve Caillaud, de MM. Guérin-Desbrosses, Legris père, Gontard-Deschenaye, Allard-Gontard, Brouard de Boullongne, du Tillet, Pavie père, Thuau-Verrières, Guillois, Charbonnier, etc, recueillis sur la rive gauche de la Maine ; et sur la rive droite les vins de MM. Goujon, Hébert Eugène, Lesourd-Delisle, etc.

Quant aux vins rouges et bien qu'en beaucoup moins grande quantité, et particulièrement ceux de la rive gauche de la Maine, cultivés et recueillis dans les communes d'Angers, de Saint-Barthélemy et de Saint-Sylvain, on peut hardiment les comparer avec les meilleurs et les plus délicats du département ; nous rappellerons, à cette occasion, ceux qui nous ont été adressés par MM. Mirault, Letourneau-Aubry, Pérou, et surtout par M. Cellier, dont, pour la chaleur, le corps et le parfum, le vin nous a jusqu'à un certain point rappelé le fameux vin de Chambertin.

Sur la rive droite de la Maine, MM. Chevalier, Lechalas et Lesourd-Delisle, nous ont fait connaître des vins rouges ordinaires d'assez bonnes qualités, obtenus avec le Pineau rouge de Bourgogne ; ce dernier a de plus introduit depuis quelques années seulement le cépage rouge de Sillery en Champagne, dont nous avons pu goûter le jeune produit de l'année, qui nous a semblé promettre un vin aussi fin que délicat. Dans le même lieu et aux portes d'Angers, au même canton des Fouassières si réputé aussi pour ses vins blancs, M. Soubre a importé d'Auvergne deux cépages qui, mêlés, ont produit cette année 1850, un vin qu'il a soumis à notre appréciation peu de temps après sa fabrication, et qui, malgré l'année défavorable, nous a néanmoins paru avoir des qualités et de l'avenir. Nous avons parlé ailleurs des avantages de précocité et d'abondance de ces nouvelles cultures, nous n'en reparlerons pas en ce lieu.

Ainsi que pour l'arrondissement de Saumur, nous devons ici une mention particulière et spéciale, pour les produits de l'un de nos concitoyens, qui, ainsi que M. Ackermann, indépendamment de ses vins naturels rouges et blancs précédemment signalés, a cru devoir se livrer aussi à la nouvelle industrie des vins champanisés, avec cette différence plus importante toutefois pour nous, que, contrairement à M Ackermann, c'est avec les produits rouges et blancs de notre département même que M. Antoine Lesourd-Delisle a opéré. Il l'a fait aussi avec non moins de succès et d'avantage que son compétiteur, car à part le nombre et la variété des produits appartenant à M. Ackermann qui n'a cessé de continuer et d'agrandir les opérations de son industrie, ceux de M. Delisle qu'on a pu avec justice et raison lui comparer, ont été trouvés de qualités et de nature aussi satisfaisantes; dans tous les deux aussi chacun a pu remarquer la même influence des cépages ou des procédés.

M. Lesourd-Delisle est en outre l'auteur de certaines modifications apportées dans les appareils du cuvage à vase clos, procédés qui lui ont valu des médailles et récompenses officielles et publiques aux expositions départementale et nationale les plus récentes.

BAS-ANJOU.

1° Arrondissement d'Angers et de Beaupreau ; plateaux et bassins de la rive droite et de la rive gauche de la Loire.

Cette région vinicole dont nous avons précédemment décrit les limites et les conditions géologiques, a été représentée par 53 propriétaires ou vignerons exposants; 20 communes, et 78 bouteilles ou échantillons de vins, 62 de vins blancs, et 16 de vins rouges.

Les noms des 53 propriétaires exposants sont, sur la rive doite: MM. Claveau, de Sapinaud, Guillory aîné, madame veuve Chevallier de Mieulle, de Jourdan, Planchenault, Canon-Froger, de Romain, Madame veuve Billard-Guépin, Charles de Boissard, Benjamin Cherbonnier, etc.

Sur la rive gauche, MM. Garreau, du Rouzay, Moreau, Huttemin, Langlois Henry, Vallée, de Lamotte de Règes, Pasqueraye, Quelin, Mauvif-Montergon, Lemée-Viger, Gannes, Goumenault, colonel Moron, de Saint-Jean, Fremy frères fils et Cⁱᵉ, Hiron Charles, Lebreton-Cointry, Lebreton-Gasnier, Michelin, de Gibot.

Les 19 communes sur la rive droite sont : la Pointe, Epiré, Savennières, la Possonnière, Laleu, Saint-Germain-des-Prés, Ingrandes, etc.

Sur la rive gauche, Saint-Rémy, Saint-Jean-des-Mauvrets, Brissac, Soulaines, Mozé, Mûrs, Denée, Rochefort, Chalonnes, Montjean, Saint-Florent-le-Vieil, et Bouzillé, etc.

Sur la rive droite, les vins de la Pointe, d'Epiré, de Savennières, ou pour mieux dire de la Roche-aux-

Moines, clos non moins fameux dans nos contrées que le fameux clos de Serrant qu'il avoisine et qui le touche d'ailleurs ; les vins de la Possonnière, de la Rousselière, tous ces vins dont nous avons eu à déguster des échantillons appartenant à plus d'un demi-siècle de production comparée, nous ont offert des vins fins et généreux, légers, délicats et limpides, doux, secs ou mousseux, de qualités aussi éminentes que remarquables, dignes du reste de soutenir partout et sur tous les marchés la concurrence avec les vins blancs les meilleurs et les plus réputés de France.

On a surtout remarqué les excellents et délicieux produits de Madame veuve Chevallier de Mieulle, de MM. de Sapinaud, de Jourdan, de Romain, Frémy, Planchenault, Canon-Froger, ainsi que les vins de la Rousselière de Madame veuve Billard-Guépin. Les essais faits par M. Guillory aîné, avec des cépages Pineau fin de Bourgogne, et par Madame veuve Chevallier, pour la culture et la préparation des vins rouges, récemment recueillis à la Roche-aux-Moines, annoncent et promettent des résultats plus que satisfaisants. Les vins blancs légers, délicats, plus limpides et plus apéritifs de M. Charles de Boissard, terminent pour ainsi dire la zône limite de la culture des vins analogues du côté de la Bretagne.

La rive gauche de la Loire n'offre peut-être pas à notre sens, une production locale, réunissant des qualités aussi réelles et aussi distinguées que les côtes de la rive droite dont nous venons de parler ; mais elle n'en produit pas moins sur une beaucoup plus grande étendue en longueur ainsi qu'en profondeur, des vins remarquables, et dont les qualités plus ou moins relatives, destinées à s'adresser d'ailleurs, à des besoins beaucoup plus généraux et beaucoup plus usuels, n'en constituent pas moins des productions aussi utiles que nécessaires et précieuses. Ainsi, les vins rouges et blancs de Saint-Jean-des-Mauvrets, de Saint-Rémy, de Brissac, de Soulaines, de Mûrs, de Mozé, bien que classés parmi les petits vins ordinaires, ne nous ont pas moins offert des types et des espèces et natures de produits que la dégustation a été à même d'apprécier, et en particulier ceux exposés par MM. Garreau, du Rouzay, Huttemin, Moreau, de Brissac, et Vallée; ce dernier a essayé avec avantage pour l'amélioration de ses vins rouges, l'introduction et le mélange de trois ou quatre cépages étrangers jusqu'alors à notre département. Les vins blancs de Saint-Jean-des Mauvrets, de Mûrs et de Mozé, appartenant à MM. de Lamotte de Règes, Quelin, Pasqueraye, Henry Langlois, et Gannes, ont été également remarqués et appréciés pour leurs qualités et leur bonne conservation.

Arrivé à Denée, les vins se relèvent sensiblement, ils ont plus de corps, plus de montant, ils sont plus toniques, plus spiritueux, plus capiteux peut-être aussi que les précédents, tels sont les vins exposés par M. Goumenault.

A Rochefort, les vins rouges et blancs de MM. Saint-Jean et colonel Moron, qui apportent des soins intelligents et désintéressés à la culture et à la préparation de leurs produits, nous ont fait connaître des faits aussi nouveaux qu'intéressants pour la viticulture. M. de Saint-Jean a introduit avec succès les cépages rouges cultivés à Nuits en Bourgogne, et ses échantillons en étaient les produits.

Le seul des spécimens si remarquable envoyé de Chalonnes par MM. Frémy frères, nous a fait regretter qu'un plus grand nombre de propriétaires appartenant à un pays vignoble, aussi spécial qu'intéressant d'ailleurs, n'ait pas jugé à propos de nous adresser leurs produits. Du reste, MM. Frémy frères, indépendamment de la fabrique de liqueurs qu'ils ont depuis longtemps établie à Chalonnes, se livrent aussi au commerce des vins du pays qu'ils ne champanisent pas, ainsi qu'on pourrait le supposer à tort, mais qu'ils traitent au contraire par des procédés aussi simples que naturels, dont on trouvera la formule aux documents et pièces justificatives.

Montjean dont le plateau élevé et le sous-sol schisto-calcaréo-houiller, sont de nature si favorable pour la production du bon vin, nous a envoyé sous le nom de MM. Charles Hiron, et Lebreton frères, des vins excellents et de qualité d'autant plus remarquable, que nous approchons de la frontière de la Bretagne et de la Vendée, point limite où la solution de continuité vinicole se fait, ainsi que nous allons le voir, d'une manière si significative et si brusque.

Nous devons à l'obligeance de M. le docteur Michelin la constatation de cette réalité, qui cependant n'est ni aussi absolue, ni aussi complète qu'on le pense généralement; les environs de Saint-Florent produisent en effet quelques petits vins rouges et blancs, fort agréables et fort appréciés dans le pays.

A Bouzillé, où pour la plus grande partie, les vins blancs sont faits avec le gros plant et le muscadet, M. de Gibot a fait un essai couronné d'un plein succès. Dans ce pays des petits vins bretons, il a eu la bonne idée de substituer du Pineau noir de Bourgogne, aux divers cépages anciennement employés; non-seulement sa culture a prospéré, mais encore les produits qu'il

en obtient sont assez considérables et assez satisfaisants, pour lui avoir permis de jeter le gant à quelques-uns de nos vins rouges du haut Anjou. Le jury
de dégustation a amplement rendu justice au mérite
et à la qualité des vins rouges bon ordinaires exposés
par M. de Gibot, qui, pour lui mieux faire comparer encore tous les avantages et les progrès réels résultant
de son expérience, avait joint à son envoi de vin rouge,
des échantillons de ses petits vins blancs de Bouzillé,
la dernière de nos communes entre l'Anjou et la
Bretagne, sur la rive gauche de la Loire.

2º *Arrondissement d'Angers; plateaux et bassins de la rive
droite et de la rive gauche du Layon.*

La cinquième et dernière des régions viticoles dont
nous avons à parler, confine vers l'est-sud-est et vers
l'est, à l'arrondissement de Saumur; et par l'est-nord-
est, le nord-ouest et l'ouest-nord-ouest, elle se trouve
presqu'immédiatement contigüe et plus ou moins parallèle à la partie supérieure de la rive gauche de la
Loire, dont nous venons de parler à l'instant : une
simple arête, un étroit plateau ayant à peine quelques kilomètres de largeur et presque partout planté
de vignes, sépare ici les deux versants en question,
celui de la rive gauche de la Loire qui regarde le
couchant d'ouest, et celui de la rive droite du Layon,
qui, lui, se trouve exposé à toutes les orientations les
plus méridionales. Ce bassin étroit et profond, au
milieu duquel coule la petite rivière du Layon, qui,
ainsi qu'on l'a dit, a son embouchure dans la Loire,
au-dessus de la ville de Chalonnes, offre sur ses
deux rives, et dans une longueur d'environ 2 à 3 myriamètres, des côtes, pentes ou versants plus ou moins

inclinés et plus ou moius abruptes. Dans sa partie supérieure, et sur la rive gauche, on remarque quelques
terrains de molasses calcaires et autres; partout ailleurs et au-dessous de ce point, sur la rive gauche,
ainsi que sur la rive droite, des schistes et des calcaires marbres de transition, composent la plus grande
partie des terrains, au milieu desquels se rencontrent
en outre, un grand nombre d'affleurements houillers,
ainsi que des bancs et gisements plus ou moins considérables de ce minerai qui, sur certains points, est
exploité en grand, et à d'immenses profondeurs, par
plusieurs concessions importantes et par des procédés nouveaux, qui permettent d'aller chercher la
houille, sous toutes nos terres d'alluvion et jusque
sous les eaux et sous le lit même de la Loire. Ces
houilles ou charbons de terre, plus ou moins ho-
mogènes ou terrés, n'en sont pas moins bien constitués d'ailleurs pour servir de combustible dans la
fabrication de la chaux, qui se fait avec les calcaires
marbres dont nous venons de parler, qui assez généralement les avoisinent ou les touchent pour la plupart.

Cette industrie importante et locale que l'on rencontre indifféremment sur les deux rives du bassin
du Layon, à Chalonnes et jusques à Montjean, sur une
étenduc successive et continue de 3 à 4 myriamètres,
a pris depuis à peu près un demi-siècle une exten-
sion telle, que pendant six à huit mois de l'année elle
donne du travail à un très grand nombre d'ouvriers,
tandis que d'autre part elle remue des capitaux considérables.

La chaux s'exporte d'ailleurs à d'assez grandes dis-
tances, et peut être également employée aux travaux

de construction, et pour l'amendement des terres. Pour la culture des céréales on l'emploie aujourd'hui en Vendée, beaucoup moins que par le passé ; mais pour la culture des prairies artificielles, ainsi que pour celle des plantes fourragères destinées à l'élève et à l'engraissement du bétail, la chaux qui est tout à la fois grasse, divisante, calorifère, absorbante et délitescente, convient merveilleusement bien à nos sols et sous-sols plus ou moins humides et froids, à nos terrains schisto-argileux, granitoides et autres. Nous avons dit ailleurs comment ses cendres et ses résidus, avec toutes leurs pierrailles et débris mal cuits ou réfractaires, plus ou moins bien préparés ou mélangés sous forme d'amendement et de compost, convenaient parfaitement bien aussi pour le *hottage* ou la fumure de la plupart des vignes du pays. Nous ne pousserons donc pas plus loin une digression qui, sous certains rapports, nous a paru aussi intéressante qu'opportune.

En résumé, la zone vinicole dont il s'agit en ce moment, a été représentée à notre exposition par 30 propriétaires ou vignerons, 12 communes et 79 échantillons ou produits, 76 de vin blanc, et 3 seulement de vin rouge.

Les 30 propriétaires sont, MM. Albert, Burgevin, Constantin, Dubreil, Mmes Cadot et de Baracé, MM. Fougerais, Gandon, Gouin-Gontard, Hunault, Latté, Charbonnier, Prud'homme-Lebreton, de Russon, de la Rue du Can, Renou, Trou, de Kersabiec, Vallée, de la Motte de Règes, Beaurepaire, de Danne, Ouriou, le général d'Armaillé, Doussault, Poitou-Godard, de Soland, Peton, Vibert, etc.

Les communes où ces vins ont été récoltés sont :

Saint-Aubin-de-Luigné, Chaudefonds, Saint-Lambert, Beaulieu, Rablay, Chanzeaux, Faye, Thouarcé, Bonnes-Eaux, Faveraye, Chavaigne, Tigné, Aubigné, Martigné-Briand, Maligné. Les vins de ces divers crûs que nous avons eu l'avantage de pouvoir apprécier et comparer, quant à une production moyenne d'environ 50 années, nous ont éminemment offert en ce lieu, ces types et caractères de produits dont nous avons précédemment indiqué la spécialité, la progression, la transformation et la maturité vineuse, et qui procèdent ainsi et de telle sorte, que pendant les premières années de leurs mises en bouteilles tous, et pour la plupart, pourraient ainsi être assimilés à nos vins mousseux et de dessert, les plus légers et les plus délicats, aux vins de Champagne, de Limoux et de Saint-Perray; tandis que plus tard, au bout de trois, quatre, cinq années, et quelquefois plus, quand ces vins ont pris de l'âge, de la couleur, du corps et se sont de plus en plus améliorés et concentrés, nous les avons vu ressembler, à s'y tromper, à nos meilleurs vins d'entremets, de dessert et même à nos meilleurs vins de liqueur de la France et de l'étranger.

Les exemples, nous pourrions presqu'également les emprunter ou les prendre, pour ainsi dire au hasard, parmi le plus grand nombre de ceux qui nous ont été envoyés des côtes et bassins du Layon, car, chose éminemment remarquable et presque exclusivement spéciale à ce pays, c'est qu'en même temps qu'il donne des produits d'élite et de premier choix, aucun d'eux, ainsi que cela a pu être remarqué dans la plupart de nos autres divisions vinicoles, aucun de ces produits, disons-nous, ne descend à un état d'infériorité relative aussi réelle et aussi manifeste.

Bien que toutes ces choses soient appelées à être prouvées et justifiées, de reste, par la teneur des procès-verbaux ci-joints, nous ne pouvons résister à rappeler ici comme appartenant à la catégorie des vins légers, mousseux et délicats, dont nous venons de parler, les vins de Maligné, de Chavaigne, de Bonnes-Eaux, de Rablay, de Beaulieu, et des Quarts-de-Chaulmes, principalement exposés par MM. Ouriou, de Russon, Latté, de Kersabiec, Peton, et par Mmes Cadot, de Baracé et autres, dont on retrouvera tous les noms ci-après ; puis, comme appartenant à la seconde catégorie des si excellents et si remarquables vins vieux, dignes de soutenir la comparaison et la concurrence partout, les vins de Chavaigne, de Bonnes-Eaux, de Faye, de Beaulieu, de Rablay, des Quarts-de-Chaulmes et de Chaudefonds, également exposés par MM. Ouriou, de Russon, de Soland, Constantin, Burgevin, Dubreil, de Kersabiec, Hunault, Fougerais, Gandon, Mme de Baracé et autres, etc.

Le peu de vignes rouges qui aient été cultivées jusqu'ici dans ces crûs, où les vins blancs réussissent et prospèrent si bien, ont aussi produit des vins rouges très remarquables par leurs qualités ; tels sont ceux exposés par MM. Peton, Dubreil et Trou, dont les vins blancs ne le cèdent à aucun de ceux dont nous venons de parler plus haut.

Nous devons aussi une mention particulière aux améliorations de toutes sortes que M. de Russon ne cesse d'apporter, soit dans la fabrication de ses vins, soit au matériel des pressoirs et ustensiles divers employés par lui et nouvellement introduits dans le pays. Son vin fait avec des raisins mûris et séchés sur la paille sous des hangards appropriés, et exposés chaque jour aux rayons du soleil, à l'instar de ce qui se pratique en Hongrie, pour le vin Tokai, en Espagne et ailleurs, a été trouvé l'un des meilleurs parmi les premiers, ou vins légers et délicats que nous venons de signaler, il avait de plus un cachet *sui generis* et spécial qui sera indiqué ultérieurement.

En somme, il faut le dire ici et le répéter avec autant de justice que de raison, les côteaux de Saumur, les côtes de la rive droite et quelques-unes de la rive gauche de la Loire, ainsi que le bassin du Layon, produisent en quantité des vins tellement supérieurs et tellement remarqnables, qu'il est plus qu'étonnant que leur réputation et leur classement au milieu de ceux qu'ils égalent ou qu'ils surpassent sous certains rapports, n'aient pas été depuis longtemps répandus, établis et propagés sur tous les marchés du monde industriel et commercial.

C'est, du reste, à cette indifférence, à cet oubli, ou à ces préventions plus ou moins intéressées, que nous avons l'intention de nous adresser et de répondre ici, non plus par des paroles, par des discours, par des écrits, plus ou moins empreints d'engoûment et d'exagération, mais par des faits matériels et palpables dont les preuves officielles et publiques ont été faites au grand jour, *et coràm populo.*

Si nous ajoutons de plus à ces preuves et à ces considérations importantes et graves, que toutes les deux, trois, quatre et cinq années au plus, et par exception, nos vignobles de l'Anjou sont en position d'offrir au commerce et à la consommation, une masse de produits considérable, et dans les meilleures conditions de qualités, tandis que d'une autre part ces mêmes

produits se transportent et se conservent merveilleusement bien, nous croirons avoir ainsi résolu au point
de vue de nos cultures et du placement de nos produits
actuels, quelques-unes des parties les plus importantes
et les plus sérieuses de la question posée. Voici, du
reste, et à l'appui des assertions précédentes, les années les plus remarquables quant à la quantité ainsi
qu'à la qualité des vins qu'elles ont donnés; produits
dont il existe encore des quantités plus ou moins considérables dans les caves ainsi que dans les celliers de
nos pays.

1781 — 1789 — 1793 — 1794 — 1799 dit vin
de l'an 7 — 1801 — 1802 — 1805 — 1807 —
1811 dite année de la comète — 1814 — 1819 —
1820 — 1822 — 1825 — 1828 — 1830 — 1834 —
1838 — 1841 — 1844 — 1846 — 1848.

Tels sont, en interrogeant les souvenirs et les tra-
ditions du pays, ainsi que les registres et catalogues de
notre exposition et de notre enquête, les résultats positifs et réels d'une production interrogée et constatée
de la sorte et pendant la durée de près d'un siècle.

Une autre question moins importante peut-être au
point de vue qui nous occupe, mais qui n'en intéresse
pas moins et la viticulture et l'œnologie quant à leurs
tendances, à leurs résultats et à leur but, nous semble
aussi avoir fait quelques pas et avoir obtenu une partie
des solutions qui s'y rattachent par suite de notre enquête.

Chacun sait en effet, un même cépage et de mêmes
cultures, de mêmes soins de fabrication et de conserva-
tions, étant donnés, quelle différence considérable existe
d'autre part, entre les qualités diverses et la supériorité
des vins de telles ou telles localités plus ou moins voi-
sines ou plus ou moins éloignées, et telles ou telles

autres. Tous les observateurs, savants, ou praticiens ont recherché, et ont indiqué à leur manière, quelles pouvaient être les causes plus ou moins relatives et plus ou moins absolues, qui exerçaient leur influence sur des phénomènes et sur des résultats aussi nombreux, aussi variés et aussi mobiles d'ailleurs ?

Eh bien ! les produits de l'année 1846, dont une très-belle collection a figuré à notre exposition et a été dégustée avec autant de soin que d'intérêt, nous ont révélé ce fait, c'est que, goûtés et appréciés en 1850, et près de quatre années après leur récolte, presque tous ces produits sans exception avaient également acquis et conservé des qualités et une supériorité éminente et remarquable, quel que fussent les crûs, les cantons, les localités, et les côtes ou bassins où chacun d'eux avaient été cultivés et recueillis. Dans tous on retrouvait assez également aussi la douceur, la limpidité, ce goût de fruit et de raisin qui flatte si agréablement le goût et le palais, et cette disposition à mousser, qui commence déjà à s'affaiblir plus ou moins ou à disparaître à cet âge : une seule différence existait seulement entre ce qu'on appelle nos meilleurs et nos plus excellents vins, et le plus grand nombre des autres, c'est que ces premiers on ne put parvenir à les clarifier et à leur donner la limpidité ordinaire rien n'y fit, ils conservèrent toujours et dès l'origine et dès la sortie de l'anche pour ainsi dire, dans les tonneaux ainsi que dans les bouteilles, cette couleur jaune pâle ou plus ou moins dorée qu'ils n'acquièrent d'habitude que par les progrès de l'âge et de cette maturité vineuse intestine et normale, dont nous avons indiqué la nature et les progrès dans quelques-uns de nos chapitres précédents, phénomènes qui s'étaient évidemment passés ici dans le fruit même et sur pied ; aussi mal en arriva-t-il à ceux qui persistèrent et qui voulurent, et quand même, décolorer et clarifier leurs vins par des moyens plus ou moins énergiques et perturbateurs; en effet, ou ils les dénaturèrent plus ou moins complétement, ou ils les perdirent.

Ces résultats plus ou moins uniformes et plus ou moins universels obtenus dans des conditions si diverses d'ailleurs, nous frappèrent tout d'abord et des premiers, et nous dûmes rechercher la cause ou les causes telles quelles, appelées à suppléer, à l'occasion, toutes les autres à la fois : et nous les trouvâmes évidemment dans les conditions de température et dans celles de l'opportunité et de la succession des phénomènes météorologiques les plus favorables à la culture, au développement et à l'amélioration des produits de la vigne en 1846. Quant aux conditions permanentes plus ou moins accidentelles et locales, plus ou moins avantageuses et plus ou moins favorables sous les divers rapports de culture, de profondeur, de perméabilité, d'exposition du sol et du sous-sol; quant à son inclinaison, ainsi qu'aux divers milieux ambiants, et aux diverses autres influences aussi insensibles qu'innombrables qu'exigent et que nécessitent incessamment, les plus intimes et les plus minutieux phénomènes de la végétation en général, ils ne deviennent plus alors, et aux différents points de vue plus ou moins absolus ou plus ou moins relatifs des résultats qui nous occupent; que des moyens auxiliaires que des sortes et natures de climats partiels et locaux, qui suppléent à leur tour, et dans la mesure de leur force et de leur influence individuelle et spéciale, au grand climat naturel et normal, qui les résume et qui les absorbe tous, quand il lui plaît d'accorder et de répandre abondamment et à pleines mains sur tous les produits de la terre, ses si bienfaisantes et si providentielles influences.

Nous ne terminerons point sans rappeler à cette occasion comment notre abbé Rozier, d'agricole et de viticole mémoire, essayait en vain de donner aux vignerons de son temps des exemples et des leçons, que loin d'imiter, ils raillaient et méprisaient à l'envi : cet agronome éminent et distingué s'amusait à ramasser très-sérieusement toutes les pierres que ceux-ci rejetaient de leurs vignes, et les rapportait soigneusement dans les siennes. Les vignerons de nos jours, plus intelligents et plus éclairés savent parfaitement, et nous ne le leur rappellerons pas moins, que les sols pierreux et secs conviennent particulièrement à la culture de la vigne ; quelques-uns d'entre-eux savent de plus, ainsi que nous qui l'avons observé et dit des premiers, que les terrains à affleurements et à sous-sol houiller donnent aussi les meilleurs et les plus excellents produits des localités où ils se rencontrent ; on le soupçonnait avec raison, pour certaines autres localités ou bassins où leur supériorité est incontestable, tels, par exemple, que le vin de la rive droite de la Loire, et cela vient de se justifier parfaitement et sur une assez grande échelle, par la rencontre et l'exploitation de gisements houillers assez importants et assez nombreux.

PROCÈS-VERBAUX OFFICIELS

DE L'APPRÉCIATION DES VINS

EXPOSÉS,

PAR MM. LES MEMBRES DU JURY DE DÉGUSTATION.

Ainsi que nous venons de l'indiquer ci-dessus, la dégustation des vins adressés au comice, commença le dimanche 13 janvier 1850, à midi précis, et eut lieu dans la salle des séances de la Société d'Agriculture au jardin fruitier, et continua ainsi chaque jour, de midi à quatre heures, jusqu'au dimanche 27 du même mois. Attendu qu'il y avait 300 et quelques échantillons de produits à déguster, ce fut donc alors et environ 20 et quelques par jour, à la dégustation et à l'appréciation desquels on dut procéder. Ainsi que nous l'avons encore dit, chacun de ces échantillons fut pris et présenté au hasard entre tous, et ne fut connu et désigné au public d'abord, que d'après le chiffre ou numéro d'ordre que chacun d'eux portait : une fois la décision prise, et le jugement rendu, on recherchait alors et on indiquait la source

du produit, ainsi que le nom de l'exposant Nous n'a-
vons pas cru devoir adopter dans la rédaction de ce
travail, ce mode de procéder tumultueux et confus,
nécessaire alors, mais qui aujourd'hui rendrait notre
opération un pêle-mêle aussi inextricable qu'incom-
préhensible. Nous avons donc préféré, afin de mettre
plus d'ordre et plus de clarté dans ce compte-rendu,
inscrire selon l'ordre alphabétique, les noms de tous les
exposants, et sous la rubrique de chacun de ces noms,
nous avons établi par ordre de numéro et d'inscrip-
tion, toutes les formules littéralement portées au pro-
cès-verbal de chacun d'eux.

A la séance d'ouverture, M. Millet, président du
comice, prononça un discours que nous donnons ci-
après : l'un de MM. les secrétaires fit à son tour l'appel de MM. les exposants, donna lecture du réglement,
et indiqua en quelques mots, quels allaient être les
divers modes de procéder aux opérations dont il était
cas.

M. Besson, alors préfet du département, s'empressa
de répondre à l'invitation du comice et vint présider
cette première séance, ayant à sa droite et à sa gauche M. le maire d'Angers, et M. le président du comice; M. le comte Odart, délégué, le savant auteur
de l'ampélographie française, et l'un de nos œnologues les plus éminents et les plus distingués, faisait
aussi partie du bureau.

Lors de la séance de clôture, M. le préfet du département, que nos travaux et nos efforts avaient intéressé, crut devoir venir présider de nouveau cette
importante et dernière réunion, et dans un discours
que nous regrettons de ne pas avoir retenu, afin de
le publier ici, après avoir loué avec une bienveillance

et une urbanité parfaites, et notre zèle et notre per-
sévérance en faveur d'intérêts dont il appréciait, ainsi
que nous, la situation et la gravité, s'empressa de
nous assurer, en ce qui le concernait, de tout le concours et de tous les encouragements de l'administration supérieure. Cette séance fut terminée par un
discours de M. le docteur Hunault, l'un des secrétaires
rédacteurs, sur le résultat des opérations qui venaient
d'avoir lieu, et sur les solutions et conclusions aussi
urgentes qu'immédiates qu'on pouvait en tirer pour
le présent et pour l'avenir. (Voir ci-après le discours
en question.)

LISTE DE MESSIEURS LES MEMBRES DE LA COMMISSION GÉNÉRALE.

M. le Préfet de Maine et Loire, président d'honneur.

M. le Maire de la ville d'Angers. *Idem.*

M. de Beauregard, président de la Société d'Agriculture, *idem.*

M. Millet, président du comice et du bureau.

MM. Allard-Gontard et le docteur Hunault, secrétaires.

M. le comte Odart, délégué d'Indre-et-Loire.

M. Guillory, président de la Société Industrielle.

M. Legris, trésorier du comice.

M. Desvaux, président honoraire du comice, membre de la commission d'organisation.

M. Pavie, vice-président du comice, *idem.*

M. Ollivier de la Leu, *idem.*

M. Planchenault, *idem.*

M. Vibert. *Idem.*

M. Hébert Eugène. *Idem.*

M. Bernard de la Fosse. *Idem.*

M. Lebreton, père. *Idem.*

M. Beraud, secrétaire général de la Société d'agriculture.

M. Lèbe-Gigun, trésorier. *Idem.*

M. Boutton-Levêque, président de la section d'agriculture de la Société industrielle.

M. Trouessart, secrétaire, *idem.*

MEMBRES ASSISTANTS DU JURY DE DÉGUSTATION, CHOISIS CONFORMÉMENT AU RÈGLEMENT FORMULÉ CI-JOINT.

MM. Ackermann.
Avenant (Victor).
Audusson aîné.
Audusson-Hiron.
Audusson, Alexis.
Bernard de la Frégeol-lière.
Brouard de Boullongne.
Bellefond (de).
Bidault.
Boivin.
Cellier.
Chevallier de Mieulle.
Chevallier, J.-J.
Chevallier, Alexis.
Cherbonnier.
Cosnuel.
Constantin.
Cousin.
Dubreil.
Desloges.
Desvarannes, Camille.

MM. De Danne père.
Ducan aîné.
Ducan jeune.
Follenfant.
Guépin-Besnard.
Goumenault.
Gontard père.
Gannes.
Guérin-Desbrosses.
Guérin, Lucien.
Gouin-Gontard.
Hossard, J.
Jubin, Théodore.
Latté-Dubreil.
Legris père.
Legris, Victor.
Lesourd-Delisle.
Leroy, André.
Lebreton-Cointry.
Lebreton-Gasnier.
Lachèse, Adolphe.
Laurence.

MM. Legoux-Duplessis père.
Mieulle (de).
Pasqueraye.
Pérou.
Peton.
Phelippeaux.
Quelin.
Rouzay (du).

MM. Russon (de).
Riveron.
Senonnes (de).
Soland (de) père.
Soland (de) fils aîné.
Soland (de) jeune.
Vallet aîné.
Vallet jeune.

EXPOSÉ DES MOTIFS

DE LA RÉUNION DU 13 JANVIER 1850,

PAR

LE PRÉSIDENT DU COMICE HORTICOLE DE MAINE ET LOIRE.

MESSIEURS,

Une question importante à résoudre pour les propriétaires de vignes du département de Maine et Loire, s'est présentée naguère par rapport à cette question ainsi posée par M. le préfet de Maine et Loire au commencement de l'année qui vient de s'écouler : « *Quelles sont* » *les causes de la décadence du commerce des vins en* » *Anjou; de la cessation de leur exportation, et des* » *moyens à prendre pour rétablir ce commerce dans son* » *ancienne splendeur ?* »

Consultée sur cette question, la chambre de commerce d'Angers envoya ses conclusions au ministre de l'agriculture et du commerce ; mais le ministre renvoya cette même question à l'examen des sociétés savantes de notre cité.

Pour répondre à l'intention du ministre de l'agriculture et du commerce, et satisfaire en même temps au désir bien louable des producteurs de vin du département de Maine et Loire, d'examiner de nouveau cette question importante, une commission émanée de la Société d'agriculture, sciences et arts d'Angers et du comice horticole de Maine et Loire, sous la direction de ce dernier, s'est préoccupée d'une manière toute particulière des moyens qu'il conviendrait de prendre dans cette circonstance.

Cette question, comme l'on voit, doit se diviser en deux propositions distinctes : la première ayant pour objet d'examiner les causes de la décadence du commerce des vins en Anjou ; et la seconde, consistant dans l'exposé des moyens à prendre pour rétablir ce commerce dans son ancienne splendeur.

Par rapport à la première de ces propositions, ne pouvant dire jusqu'à quel point elle peut être fondée, mais en l'admettant telle qu'elle est ainsi posée, et sans vouloir néanmoins rechercher ici toutes les causes qui ont pu la motiver, nous dirons que si les vins blancs d'Anjou ont cessé d'être aussi recherchés qu'ils l'étaient autrefois, cela tient en quelque sorte à une question d'hygiène : la préférence que l'on donne maintenant, dans une grande partie de l'Europe, à l'usage du vin rouge ; et de telle sorte que les vins blancs, qui composaient la majeure partie des vignobles de l'Anjou, ont dû se ressentir de cette préférence ainsi marquée. A l'appui de cette vérité, nous pourrions citer un grand nombre de propriétaires de vignes, dans l'Anjou, qui, ayant reconnu cet état de choses, ont déjà transformé leur cépage blanc en cépage rouge, soit par la greffe, soit par des plants enracinés.

Cependant il convient de faire remarquer qu'un grand nombre de clos de l'Anjou ne devront pas subir cette métamorphose, car il est bien constaté que les vins qu'ils produisent seront toujours regardés comme vins de dessert, supérieurs à beaucoup de vins étrangers, et que l'enquête d'aujourd'hui ne peut manquer de constater cette vérité, comme cette autre non moins importante qui se rattache à leur longévité, car il est peu de vins blancs, après ceux de l'Anjou, à pouvoir se conserver aussi longtemps en bouteille, car il existe encore dans ce pays des vins de 1781.

Quant à la deuxième proposition, consistant dans les moyens à prendre pour rétablir le commerce des vins de l'Anjou dans son ancienne splendeur, le comice horticole de Maine et Loire a pensé qu'il suffisait, pour y répondre convenablement, de constater, par une enquête, toutes les qualités qui se rattachent aux vins d'Anjou; et pour y parvenir, se trouve un appel pour une exposition de vins du département de Maine et Loire.

Cet appel, fait d'abord d'une manière générale, ensuite par des invitations particulières adressées à tous les propriétaires de vignobles du département, a répondu de la manière la plus satisfaisante aux désirs de la Société, qui se trouve maintenant en mesure d'offrir à l'examen et à l'appréciation de l'assemblée les vins de différents âges de la plupart des crûs de l'Anjou, et dont la dégustation a été fixée pour aujourd'hui 13 janvier.

Avant de procéder à cette dégustation, nous croyons devoir jeter un regard sur l'importance de la culture de la vigne en Anjou, en prenant pour base et objets de comparaison les données que nous offre le cadastre.

La totalité des terres cultivées ou en rapport de produits du département de Maine et Loire, est de 516,993 hectares. La culture de la vigne figure dans ce chiffre pour la quantité de 30,109 hectares; et les produits, pour chaque année, sont évalués approximativement à 600,000 hectolitres de vin.

Il était nécessaire de rappeler ces chiffres, afin de faire voir l'importance de la culture de la vigne pour le département de Maine et Loire : culture répartie dans ses cinq arrondissements, mais dans des proportions bien inégales, sans doute, et sur 375 communes, dont il se compose, près de la moitié de ce nombre fournit des communes dans lesquelles la vigne est cultivée.

Nous allons procéder à la dégustation des vins qui figurent à cette exposition vinicole; mais avant de nous livrer à ce travail important, nous croyons devoir rappeler ici que l'examen qui va en être fait, et qui doit figurer dans la statistique viticole et vinicole de Maine et Loire, n'est point un concours établi entre les producteurs des vins de ce pays, mais bien un moyen d'appréciation et de constatation des qualités particulières a chacun de ces vins.

Enfin, Messieurs, et nous devons le dire, le comice horticole de Maine et Loire, en se livrant à ce travail, a eu pour encouragement la perspective attrayante de pouvoir répondre, et d'une manière victorieuse, a tous ces bruits fâcheux, mais sans fondements sérieux, qui ont motivé la question importante qui fait aujourd'hui le sujet de cette réunion, et comme nous avons le pressentiment, d'après ce que le comice a été à même de constater déjà, que cette enquête ne peut qu'être favorable aux producteurs de vins de l'Anjou, nous nous hâterons d'en proclamer le résultat, afin de pouvoir dire hautement et le plus tôt possible : Le département de Maine et Loire n'a point démérité pour ses produits vinicoles ; il a même gagné des vins champanisés, et peut marcher de pair ou sur la même ligne avec les meilleurs vignobles de France.

Angers, le 13 janvier 1850.

MILLET.

Président du Comice horticole de Maine et Loire.

Extrait littéral des procès-verbaux officiels.

M. ACKERMANN.

Arrondissement de Saumur. — Saumur.

N° 197. RAISIN ROUGE de Touraine. VIN BLANC clair, grand mousseux, doux, fin, distingué, champanisé, vin de dessert. — Récolte de 1840. Appelé par le fabricant grand mousseux dit doux.

N° 198. RAISIN ROUGE, cépage de plant noble (l'Orléans, l'Ornaison et le Meunier). VIN BLANC, légèrement rosé, grand mousseux, léger, sec, fin, vin de Champagne d'entremets. — Récolte de 1846. Appelé par le fabricant grand mousseux dit sec.

N° 201. RAISIN ROUGE. VIN BLANC légèrement rosé, grand mousseux, sec, léger, goût spécial, d'entremets. — Récolte de 1844. Appelé par le fabricant grand mousseux sec.

N° 195. RAISIN ROUGE de Touraine. VIN BLANC rosé très légèrement, mousseux, doux, goût spécial, champanisé. — Récolte de 1844. Appelé par le fabricant grand mousseux dit doux.

N° 196. RAISIN ROUGE de Touraine. VIN BLANC, rosat, grand mousseux, léger, sec, agréable, goût spécial et propre à cette nature de vin. Vin dit Champagne. — Récolte de 1844. Appelé par le fabricant grand mousseux dit sec.

N° 204. RAISIN ROUGE de Touraine. VIN BLANC légèrement rosé, grand mousseux, doux, fin, agréable, très léger, bon vin champanisé, goût spécial. — Récolte de 1844. Appelé par le fabricant grand mousseux dit doux.

N° 194. RAISIN ROUGE de Touraine. VIN BLANC rosé, grand mousseux, sec, frais, acidule, vin champanisé,

goût spécial très prononcé, laisse à désirer. — Récolte
de 1846. Appelé par le fabricant grand mousseux
dit sec.

Nº 206. RAISIN ROUGE de Touraine, VIN BLANC rosé,
grand mousseux, léger, acidule, agréable, sec et doux,
arrière-goût spécial controversé, vin champanisé. —
Récolte de 1846. Appelé par le fabricant grand mousseux dit sec.

Nº 203. RAISIN ROUGE de Touraine, VIN BLANC rosé,
grand mousseux, doux, léger, agréable, arrière-goût
spécial, vin champanisé. — Récolte de 1846. Appelé
par le fabricant grand mousseux dit sec.

Arrondissement de Saumur. — Haut-Anjou ; bassin de la Loire ;
côteaux de Saumur, terrains tertiaires moyens, 4ᵉ étage.

Nº 199. RAISIN BLANC pineau. VIN BLANC, teinte jaunâtre, sucré doux, goût de terroir, faible, sans corps.
— Récolte de 1844.

Nº 200. RAISIN BLANC pineau, VIN BLANC très clair,
très doux, délicat, agréable, goût de terroir. — Récolte
de 1844.

Nº 202. RAISIN BLANC pineau. VIN BLANC jaunâtre,
mousseux, doux, agréable, goût de fruit, généreux,
bon vin de dessert. — Récolte de 1846.

Plateaux et bassin de la Dive, commune de Bezé, près Brézé ; clos
de M. Bidon ; terrain crétacé inférieur.

Nº 205. RAISIN BLANC, VIN BLANC jaunâtre, doux,
sucré, agréable, trop sucré peut-être. Ce vin grand
mousseux a perdu sa qualité, ayant été trop longtemps
debout. — Récolte de 1846.

NOTA. Invité à vouloir bien nous faire connaître
l'origine et la date précise de son industrie. M. Ackerman
a répondu : En 1831, essai ; en 1834, mise en circula-
tion dans le commerce ; en 1838, emploi des cépages
rouges.

M. ALBERT.

Arrondissement d'Angers.—Bassin et plateaux du Layon, rive gauche; commune de Saint-Lambert-du-Lattay; sol argileux compacte; terrain de transition modifié; schistes; terrain antraxifère.

N° 187. RAISIN BLANC pineau; vin blanc, légèrement mousseux, doux, léger, agréable, fin. — Récolte de 1846.

M. ALLARD-GONTARD.

Arrondissement d'Angers. — Bassin et plateaux de la Loire, rive droite; commune de Saint-Barthélemy; clos des Chesnaies; sol argileux compacte; terrain silurien; calcaire de transition.

N° 31. RAISIN BLANC pineau; VIN BLANC jaune clair, sec, légèrement passé à l'amer, chaud, montant corsé. — Récolte de 1799; a conservé sa couleur et une partie de ses qualités.

N° 251. RAISIN BLANC pineau; VIN BLANC, légèrement jaunâtre, sec, fin, chaud, capiteux. — Récolte de 1822.

N° 28. RAISIN BLANC, pineau, VIN BLANC ambré, sec, légèrement amer, capiteux, très bonne conservation, goût de terroir diversement apprécié. — Récolte de 1825.

Commune d'Angers. — Clos de la Maulevrie; sol argileux, siliceux; terrain de transition supérieur; schistes et eurites; exposition au couchant.

N° 27. RAISIN BLANC, pineau, VIN BLANC, verdâtre, légèrement mousseux, fort, goût de fruit, léger, agréable, bonne qualité, peu de vinosité. — Récolte de 1846.

N° 29. RAISIN BLANC, pineau, VIN BLANC, ambré, sec, commence à passer, goût agréable, chaud et capiteux. — Récolte de 1825.

M. ALLOTTE.

Arrondissement de Saumur. — Bassin et plateau du Thouet, rive droite; commune de Saint-Cyr-en-Bourg; sol argilo-calcaire; terrain crétacé inférieur.

N° 177. RAISIN BLANC, pineau, VIN BLANC, légèrement mousseux, très agréable, excellent goût de fruit, très bon vin de dessert. — Récolte de 1848.

N° 178. RAISIN BLANC, pineau, VIN BLANC, ambré, vin de liqueur, agréable arôme, corsé, liquoreux, goût de muscat, suivant les uns, goût de coing, suivant les autres. — Récolte de 1822.

N° 179. RAISIN BLANC, pineau, VIN BLANC, très légèrement mousseux, léger, a du piquant et de la distinction, agréable goût de fruit. — Récolte de 1846.

Mme AMOUROUX (v°).

Arrondissement de Saumur, Haut-Anjou. — Plateaux du Thouet, commune de Souzay; crû de Champigny-le-Sec; clos des Cordeliers; terrain tertiaire moyen; 4° étage; sables supérieurs.

N° 134. RAISIN ROUGE, VIN ROUGE, foncé, a dn corps, légèrement astringent, agréable, grandes chances d'amélioration et de conservation. — Récolte de 1847.

N° 151. RAISIN ROUGE, VIN ROUGE, couleur riche, nourri, aromatique, excellent, vin d'entremets de la plus grande distinction, très belle conservation. — Récolte de 1824.

N° 152. RAISIN ROUGE, VIN ROUGE, foncé, généreux, agréable bouquet, bon, d'entremets. — Récolte de 1840.

N° 153. RAISIN ROUGE, VIN ROUGE, très foncé, acidule, promet beaucoup, vin jeune, léger bouquet, — Récolte de 1846.

N° 155. RAISIN ROUGE, VIN ROUGE, foncé, léger bouquet, bon vin d'ordinaire, se conserve très bien, en le jugeant d'après des échantillons qui ont été dégustés avant ce jour. — Récolte de 1848.

N° 156. RAISIN ROUGE, VIN ROUGE, beau, agréable, léger bouquet, léger, délicat, jeune, a du corps et de l'avenir. — Récolte de 1847.

N° 158. RAISIN ROUGE, VIN ROUGE, foncé et brillant, très vieux et excellent vin d'entremets, ayant beaucoup de rapport avec le Chambertin, goût spécial diver-

sement apprécié, se conserve et s'améliore admirable-
ment. — Récolte de 1831.

N° 460. RAISIN ROUGE, VIN ROUGE clair, léger, délicat, faible, a de la qualité et de l'avenir, se conserve et
s'améliore. — Récolte de 1848.

Notice sur le crû des Cordelliers à Champigny-le-Sec,
commune de Souzay, près Saumur, propriétaire veuve
Amouroux.

Ce vignoble a été anciennement créé par les religieux
de Saint-Florent de Saumur.

Il occupe la pente et la coulée d'un terrain incliné du
sud-est au sud-ouest, sauf une portion dont l'inclinaison est du nord-ouest au sud-est. Un ruisseau serpente
dans cette coulée, qui est dominée par un petit bois et
des carrières.

Le sous-sol est, en général, calcaire, tantôt lacustre,
tantôt marin. Quelques parties sont plus siliceuses et
récèlent du grès molasse par morceaux; d'autres parties renferment du sable et une variété de calcaire co-
quiller anfractueux dit pierre cornue; d'autres parties,
enfin, contiennent du calcaire marneux, tuf à bâtir du
pays.

A la surface, l'humus est varié, d'une façon notable,
par l'argile, la silice et des débris anté-diluviens.

Le cépage est rouge, présumé importé de Bourgogne.

ARMAILLÉ (le général d').

Arrondissement d'Angers. — Bassin et plateau du Layon, commune de Saint-Aubin-de-Luigné, sol argileux et compacte, terrain
schisteux et antraxifère.

N° 209. RAISIN BLANC, VIN BLANC sec, fort, dur,
goût de terroir. — Récolte de 1846.

N° 239. RAISIN BLANC, VIN BLANC. légèrement ambré, léger, sec, amer, paraît très vieux. — Récolte de
1848.

DE BARACE (Mme V^e).

Arrondissement d'Angers. — Côtes et plateaux du Layon; commune de Rochefort-sur-Loire; clos des Quarts-de-Chaume; terrain antraxifère et terrain de transition supérieur.

N° 217. RAISIN BLANC. dit pineau de Bourgogne, VIN BLANC, jaune ambré, léger. doux, agréable, bien conservé, vin de dessert. — Récolte de 1822.

N° 219. RAISIN BLANC. dit pineau de Bourgogne, VIN BLANC, fortement ambré, mousseux, généreux, délicat, très bon goût de Rancio, de vin d'Espagne et du Midi, vin de dessert parfait. — Récolte de 1825.

M. BARILLIÉ-BOUCHILLON.

Arrondissement de Baugé. — Plateaux de la rivière du Vieil-Baugé; commune du Vieil-Baugé; clos de Gadon; terrain crétacé inférieur.

N° 3. RAISIN BLANC, pineau, VIN BLANC, légèrement jaunâtre, doux, léger, bon goût de fruit. — Récolte de 1849.

N° 8. RAISIN BLANC, pineau, VIN BLANC, légèrement jaunâtre, sec, capiteux, droit et franc. — Récolte de 1840.

M. DE BEAUREGARD.

Arrondissement de Saumur. — Plateau du Thouet; commune de Saint-Florent de Saumur; terrain crétacé inférieur.

N° 143. RAISIN ROUGE, VIN ROUGE, beau, vieux, dépouillé, vin d'entremets, généreux, chaud, corsé, supporte bien son âge. — Récolte de 1842.

N° 211. RAISIN BLANC, VIN BLANC, jaune, ambré, transparent, doux, pâteux, goût de terroir, bon vin. — Récolte de 1834.

M. DE BEAUREPAIRE.

Arrondissement d'Angers. — Côtes et plateaux du Layon, commune de Faye; terrain de transition supérieur.

N° 226. RAISIN BLANC, pineau, VIN BLANC, légèrement

jaunâtre , doux, arrière goût de terroir, agréable. bon.
— Récolte de 1846.

N° 237. RAISIN BLANC. VIN BLANC. légèrement jaunâtre, très clair, doux, agréable. fin, vin d'entremets,
très bon goût de fruit, léger, doit se conserver. — Récolte de 1848.

Commune de Rablay. — Terrain de transition modifié.

N° 261. RAISIN BLANC, VIN BLANC, jaunâtre, légèrement acidule, légèrement amer, ayant du corps et du
montant, impression peu agréable sur le palais, petit
mousseux. — Récolte de 1847, année mauvaise.

M. BERNARD DE LA FOSSE.

Arrondissement d'Angers. — Plateaux de la Sarthe, commune de
Soulaire et Bourg; clos des Ruaulx; exposition de l'est; terrain crétacé inférieur.

N° 18. RAISIN BLANC, VIN BLANC, légèrement ambré,
sec. légère amertume, tonique, bon. — Récolte de 1834.

N° 20. RAISIN BLANC, VIN BLANC. légèrement jaune,
sec, un peu vert, vin d'ordinaire. — Récolte de 1818.

N° 25. RAISIN BLANC, VIN BLANC, jaune ambré, sec.
fort, a du corps, amer, goût de terroir. — Récolte de
1844. Cinq échantillons.

M. BERNARD DE LA FRÉGEOLLIÈRE.

Arrondissement de Saumur. — Plateaux du Thouet; commune de
Varrains; clos des Hauts-Poyeux; pente au nord; terrain crétacé
inférieur.

N° 161. RAISIN ROUGE. VIN ROUGE, couleur grenat,
belle couleur, bon vin d'ordinaire, léger. charmant.
velouté. bouquet agréable. — Récolte de 1834.

N° 162. RAISIN ROUGE, VIN ROUGE, beau, très clair.
léger, coulant, agréable, bon vin d'ordinaire, n'est pas
encore fait, vin d'avenir. — Récolte de 1846.

Plateaux calcaire, tuffeau.

N° 163. RAISIN ROUGE, pineau, VIN ROUGE. charmante

couleur, rouge grenat clair, vin excellent, arrivé à son terme, vin d'entremets, très dépouillé, distingué, très vieux. Suivant M. Odart. plant breton. vendangé le 1er *octobre.* — Récolte de 1807.

N° 170. RAISIN BLANC, VIN BLANC, légèrement jaunâtre, un peu vert, sec, léger, n'est pas fait, gagnera beaucoup. — Récolte de 1846.

N° 171. RAISIN BLANC, VIN BLANC, légèrement ambré. plus sec que doux, a du corps, arrière-goût de terroir. — Récolte de 1825.

N° 172. RAISIN BLANC, VIN BLANC, légèrement ambré, doux, fin. arôme agréable, se rapprochant de celui de coing. dû à la qualité du sol et caractérisant essentiellement les bonnes années de ces vignobles, excellent vin d'entremets. — Récolte de 1842.

N° 174. RAISIN BLANC. VIN BLANC. jaune ambré, très doux, liquoreux, vin de dessert. — Récolte de 1834.

M. BERTIN-POULAIN.

Arrondissement de Baugé. — Coteaux du Loir ; commune de Seiches ; terrain crétacé inférieur.

N° 13. RAISIN ROUGE, VIN ROUGE, faible, plant de Bourgogne, très faible, acidule, trop jeune pour pouvoir être jugé. — Récolte de 1849.

N° 14. RAISIN ROUGE, VIN ROUGE. foncé, plant de Bourgogne, vin ordinaire. — Récolte de 1846.

N° 15. RAISIN ROUGE, VIN ROUGE, plant de Bourgogne, ne peut être apprécié, attendu le mauvais état de l'échantillon. — Récolte de 1848.

BILLARD-GUÉPIN (Mme V^e).

Arrondissement d'Angers. — Bassin de la Loire, rive droite, Bas-Aujou ; clos de la Rousselière, commune de la Possonnière ; terrain antraxifère ; roches ignées et schistes.

N° 87. RAISIN BLANC. VIN BLANC. légèrement mous-

seux, doux, assez fort. agréable, bon goût de fruit. —
Récolte de 1847.

N° 89. RAISIN BLANC, VIN BLANC légèrement ambré,
mousseux, doux, délicat et agréable, joli vin de dessert.
— Récolte de 1846.

N° 88. RAISIN BLANC, VIN BLANC, légèrement verdâtre, mousseux, léger, sec, délicat, bon goût de fruit.—
Récolte de 1848.

M. CH. DE BOISSARD.

Arrondissement d'Angers. — Plateaux de la Loire, rive droite; Bas-
Anjou ; commune de Saint-Germain-des-Prés; clos de la Chauvière;
sol argileux; terrain de transition supérieur, schiste.

N° 90. RAISIN BLANC. VIN BLANC, légèrement jaunâtre, un peu de verdeur et de goût de terroir, a du nerf.
—Récolte de 1846.

N° 91. RAISIN BLANC, VIN BLANC ambré. brillant, doux,
vin fin et vieux, bouquet agréable. — Récolte de 1825.

M. BOURJUGE.

Arrondissement d'Angers. — Plateaux du Layon ; commune de
Rablay; terrain de transition modifié.

N° 69. RAISIN BLANC, VIN BLANC limpide, assez doux,
agréable, de dessert, légèrement mousseux. — Récolte
de 1846.

N° 117. RAISIN BLANC, VIN BLANC clair, doux, acidule, léger, faible. — Récolte de 1842.

M. DE BRISSAC.

Arrondissement d'Angers. — Coteaux de l'Aubance; commune de
Brissac; parc du château de Brissac; terrain tertiaire, moyen 4e étage;
supérieurs.

N° 140. RAISIN BLANC, VIN BLANC paillé, léger, demi-
mousseux, un peu de douceur, agréable. — Récolte de
1846. Quatre echantillons.

M. BROUARD DE BOULONGNE.

N° 42. RAISIN BLANC, VIN BLANC, légèrement mousseux, doux, joli petit vin. — Récolte de 1846.

N° 44. RAISIN BLANC, VIN BLANC, jaune ambré, très sec, bien conservé, bon, arrière-goût de terroir. — Récolte de 1822.

N° 47. RAISIN BLANC, VIN BLANC, ambré. doux, fort, droit, excellent, vin de dessert, arrivé à son terme. — Récolte de 1825.

N° 41. RAISIN BLANC, VIN BLANC, jaune ambré, très bon, capiteux et goût de terroir sensible, se conserve parfaitement et longtemps. — Récolte de 1822.

N° 45. RAISIN BLANC, VIN BLANC jaune, légèrement ambré, sec et doux intermédiaire, corsé, vin vieux d'entremets, capiteux. — Récolte de 1834.

N° 46. RAISIN BLANC. VIN BLANC, légèrement jaunâtre, sec, capiteux, goût de terroir, qualités solides. — Récolte de 1840.

M. BURGEVIN.

N° 225. RAISIN BLANC, VIN BLANC, belle couleur, légèrement jaunâtre, léger, agréable d'entremets et de dessert. — Récolte de 1834.

Mme CADOT.

N° 215. RAISIN BLANC, VIN LEGEREMENT AMBRE chaud,

généreux, doux et moelleux, d'une longue et bonne
conservation, d'entremets. — Récolte de 1846.

CAILLAULT (Mme V^e).

Arrondissement d'Angers, Bas-Anjou. — Plateau rive droite de la
Loire, commune de Saint-Barthélemy; du crû de la Lignerie; terrain de transition supérieur; exposition du Midi; terre argileuse et
compacte.

N° 37. RAISIN BLANC, VIN BLANC légèrement mousseux, doux, goût de fruit, vin d'entremets. — Récolte
de 1842.

N° 39. RAISIN BLANC, VIN BLANC ambré, mousseux,
doux, vineux, agréable. très bon, d'une bonne conservation. — Récolte de 1846.

M. CANON-FROGÉ.

Arrondissement d'Angers, Bas-Anjou. — Rive droite de la Loire,
commune de la Possonnière; terrain anthraxifère du terrain de transition supérieur, avec eurite granitoïde, et terre dure et compacte.

N° 95. RAISIN BLANC. VIN BLANC. LIMPIDE, mousseux,
léger, pétillant, fin, frais et agréable, très distingué.
— Récolte de 1846.

N° 97. RAISIN BLANC, VIN BLANC, clair, mousseux,
ayant du montant, mais dur, goût spécial peu apprécié,
sensiblement sulfureux. — Récolte de 1840.

On a pensé que la saveur remarquée provenait d'un
méchage trop prononcé.

N° 96. RAISIN BLANC, VIN BLANC légèrement mousseux, très vert. — Récolte de 1849.

M. CELLIER.

Arrondissement d'Angers, Bas-Anjou. — Rive gauche et plateau du
Loir, commune de Saint-Sylvain; crû de la Croiserie; terrain cretacé inférieur; sable rouge et silex; sol léger, chaud à l'exposition
du midi.

N° 9. RAISIN ROUGE, plant de Bourgogne, VIN ROUGE
franc, belle couleur, vif, chaud, jeune. bouquet parti-

culier agréable, vin bon et susceptible de devenir très bon. — Récolte de 1846 et mis en bouteille en septembre 1847.

La vigne, après la floraison, a été épointée, ce qui, selon le propriétaire, augmente notablement la quantité de la récolte, laquelle s'est faite en même temps que la récolte des vignes blanches. M. le comte Odart pense que le raisin est le *Gaillard noir*.

M. CHARBONNIER.

Arrondissement d'Angers, Bas-Anjou. — Coteau et rive droite du Layon, commune de Beaulieu; crû des Douze-Quartiers; terrain de transition supérieur; roche amphibolique, et terre argileuse.

N° 194. RAISIN BLANC, VIN JAUNE AMBRÉ, doux, agréable, liquoreux, très bon et de dessert. — Récolte de 1834.

Arrondissement d'Angers, Bas-Anjou. — Rive droite de la Loire, commune de Sainte-Gemmes-sur-Loire; terrain de transition supérieur, en schiste très délité; sol chaud, hâtif, exposition sud-ouest.

N° 284. RAISIN BLANC. VIN BLANC-VERDATRE légèrement mousseux, vert, acidule, léger. — Récolte de 1848.

M. BENJ. CHERBONNIER.

Arrondissement d'Angers, Bas-Anjou. — Rive droite de la Loire, commune d'Ingrandes; clos du Rocher; terrain de transition supérieur, limite des vignes en Maine et Loire.

N° 92. RAISIN BLANC. VIN BLANC, fort, sec, légèrement capiteux et d'ordinaire. — Récolte de 1846.

M. CHEVALIER (Jean-Jacques).

Arrondissement d'Angers, Bas-Anjou. — Plateau et rive droite de la Maine, commune de Bouchemaine; clos de Prunier, de huit années de plantation; terrain de transition supérieur et schistes délités; exposition sud-est.

N° 70. RAISIN ROUGE, plant de Bourgogne. VIN ROUGE FONCE, agréable, léger, bon ordinaire. — Récolte de 1846.

Mme Ve CHEVALIER DE MIEULLE.

Arrondissement d'Angers, Bas-Anjou. — Rive droite de la Loire, commune de Savennières; cιù de la Roche-aux-Moines; terrain de transition supérieur, entremêlé de rognons d'eurite granitoïde et sol argileux et compacte.

N° 76. RAISIN ROUGE, VIN ROUGE-CLAIR, léger bouquet, peu de corps, peu de montant, faible et ordinaire. — Récolte de 1844.

N° 74. RAISIN ROUGE, VIN ROUGE CLAIR, brillant, parfum excellent, saveur délicieuse, embaumant la bouche, très bon vin d'entremets. — Récolte de 1842. Paraissant fait avec le raisin dit *Le Breton* (carminé).

N° 81. RAISIN BLANC, VIN JAUNE-AMBRÉ, légèrement mousseux, goût et arôme du fruit, délicat, bon, très droit, vin d'entremets. — Récolte de 1840. Année médiocre pour le département de Maine et Loire.

N° 83. RAISIN BLANC, VIN BLANC, limpide, léger, droit, sec, fin, agréable, très légèrement acidule. — Récolte de 1847.

N° 84. RAISIN BLANC, VIN AMBRE, clair, tonique, généreux et tout-à-fait vin de dessert. — Récolte de 1815.

M. CLAVEAU.

Arrondissement d'Angers, Bas-Anjou. — Plateau et rive droite de la Maine, commune de Bouchemaine; clos du Haut-Plessis; terrain de transition supérieur; schistes délités; exposition sud-est.

N° 75. RAISIN BLANC. VIN BLANC, ayant de la douceur et du corps. droit, sans goût de terroir, bon vin. — Récolte de 1846.

M. CONSTANTIN.

Arrondissement d'Angers, Haut-Anjou. — Coteaux et rive droite du Layon, commune de Faye; terrain de transition supérieur; exposition du midi.

N° 125. RAISIN BLANC, VIN JAUNE safrané ou topaze, très doux, très agréable, très fin, d'une belle conservation. — Récolte de 1834.

Nº 227. RAISIN BLANC, VIN JAUNE-AMBRÉ, très doux, liquoreux, exquis, vin fin de dessert. — Récolte de 1834.

M. COSNUEL.

Arrondissement de Saumur , Haut-Anjou. — Coteaux et rive droite de la Loire, commune de Souzay ; crû de Champigny-le-Sec; clos de la Bien-Boire ; terrain crétacé inférieur et calcaire d'eau douce; sable supérieur; 4ᵉ etage du terrain tertiaire moyen ; sol chaud et léger.

Nº 149. RAISIN ROUGE , VIN ROUGE CLAIR, bien dépouillé, bouquet agréable, chaud, susceptible de gagner, bon vin d'entremets, conservation parfaite.—Étonnant pour l'époque de sa récolte, 1825.

Nº 150 RAISIN ROUGE. VIN BEAU-ROUGE, clair et brillant, généreux, distingué, belle conservation, bon vin d'entremets. — Récolte de 1834.

Nº 168. RAISIN BLANC, VIN BLANC-JAUNATRE, doux, agréable, généreux. — Récolte de 1834.

Nº 166. RAISIN BLANC, VIN BLANC-VERDATRE, mousseux, généreux, légèrement acidule, bon. — Récolte de 1846.

Nº 173. RAISIN BLANC, VIN BLANC, légèrement amarescent, moyennement sec, bon. Cependant les opinions n'ont pas été unanimes. — 1840.

M. DE CROZÉ, au château du Coux.

Arrondissement de Saumur, Haut-Anjou. — Coteaux et rive gauche du Thouet, commune de Montreuil-Bellay; château du Coux; terrain crétacé inférieur, en plaine.

Nº 138. RAISIN ROUGE, plant de rouge-breton, VIN BEAU ROUGE CLAIR, faible, froid, sans bouquet, mais agréable et vin d'ordinaire, arrivé à son terme de durée, bien que de la récolte de 1846.

Nº 213. RAISIN BLANC, VIN BLANC, JAUNATRE, peu clarifié, faible, sec, acidule, et goût de terroir. — Récolte de 1846.

M. de Crozé a en outre envoyé un spécimen des eaux-de-vie faites avec les petits vins blancs du pays.

M. DE DANNES.

Arrondissement d'Angers, Bas-Anjou. — Coteaux et rive droite du Layon, commune de Saint-Aubin de Luigné; clos de l'Eperonnière; terrain de transition supérieur.

N° 80. RAISIN BLANC, VIN JAUNE-AMBRÉ, très sec, légèrement amer, très vieux, peu agréable. — Récolte de 1822.

N° 180. RAISIN BLANC, VIN BLANC, légèrement jaunâtre, sec et amarescent, commence à passer. — Récolte de 1818.

N° 190. RAISIN BLANC, VIN LÉGÈREMENT AMBRÉ, très sec, capiteux, agréable. — Récolte de 1825.

N° 238. RAISIN BLANC, VIN BLANC JAUNATRE, mousseux, sec, fort, de très longue conservation. — Récolte de 1846.

N° 241. RAISIN BLANC, VIN BLANC sec, très fort, alcoolique, goût spécial peu déterminé, mis en bouteille en 1849. — Récolte de 1847.

M. DE LA MOTTE DE RÈGE.

Arrondissement d'Angers, Bas-Anjou. — Rive gauche de la Loire, commune de Mûrs; crûs et clos de Claye; terrain de transition supérieur.

N° 101. RAISIN BLANC, VIN BEAU BLANC, très clair, très limpide, léger, doux, agréable, goût de fruit, joli vin et très bon vin de dessert. — Récolte de la bonne année 1846.

N° 102. RAISIN BLANC, VIN BLANC légèrement jaunâtre, légèrement mousseux, sec. capiteux, mais léger goût de terroir. — Récolte de 1840.

Arrondissement d'Angers, Bas-Anjou. — Commune de Chanzeaux; clos des Brosses de Chanzeaux, versant gauche de l'Aubance; terrain de transition modifié, sol argileux.

N° 185. RAISIN BLANC, VIN AMBRÉ-FONCÉ, très doux,

liquoreux, goût spécial, comme de fruit ayant dépassé la maturité. — Récolte de 1825.

Arrondissement d'Angers, Bas-Anjon. — Commune de Mùrs; clos de Claye : terrain de transition supérieur.

N° 257. RAISIN BLANC, VIN BLANC-CLAIR, n'a pas été apprécié convenablement. — Récolte de 1842.

Arrondissement d'Angers, Bas-Anjou. — Clos des Brosses de Chanzeaux; terrain de transitiou modifié et sol argileux.

N° 258. RAISIN BLANC, VIN BLANC jaune, un peu nébuleux, très doux, ayant du corps, fin, bon goût de fruit. — Récolte de 1848.

N° 259. RAISIN BLANC, VIN BLANC-LEGER. clair, goût agréable et léger. — Récolte de 1846.

M. DOUSSAULT.

Arrondissement d'Angers, Bas-Anjou. — Coteaux et rive droite du Layon; commune de Saint-Aubin de Luigné; terrain de transition supérieur, terrains anthraxifères; exposition du midi.

N° 222. RAISIN BLANC, VIN LEGÈREMENT JAUNATRE, doux, goût de fruit, généreux, mais goût de terroir trop prononcé. — Récolte de 1848.

Arrondissement d'Angers, Bas-Anjou. — Crû des Quarts-de-Chaumes; Bassin du Layon et rive droite du Layon.

N° 230. RAISIN BLANC, VIN BLANC, légèrement jaunâtre, petit mousseux, doux, léger, agréable et bon, très bien conservé. — Récolte de 1834.

N° 232. RAISIN BLANC, VIN BLANC-CLAIR, mousseux, sec, fort, capiteux. — Récolte de 1846.

N° 234. RAISIN BLANC, VIN BLANC, légèrement mousseux, doux, délicat, goût de fruit, mais avec trop de maturité. — Récolte de 1848.

N° 242. RAISIN BLANC, VIN BLANC-CLAIR, sec et d'ordinaire. — Récolte de 1846.

M. DUBREIL.

Arrondissement d'Angers, Haut-Anjou. — Rive droite du Layon ; commune de Beaulieu ; clos de la Mulonnière ; terrain de transition supérieur, roche amphibolique. exposition du midi.

N° 229. RAISIN ROUGE, plant de Bourgogne. VIN ROUGE-FONCE. fort agréable, avec charmant bouquet, riche vin d'ordinaire, susceptible de beaucoup de conservation. — Récolte de 1846.

Est récolté quinze jours avant le blanc ; c'est du raisin de côt pour M. le comte Odart, et mélangé de côt et de pineau rouge de Bourgogne suivant M. Desvaux et la déclaration du propriétaire.

N° 231. RAISIN BLANC, VIN BLANC, mousseux, léger, agréable, bon goût, de fruit bien fondu, agréable tisane de Champagne. — Récolte de 1846.

N° 224. RAISIN BLANC, VIN BLANC-AMBRE. clair, toutes les qualités encore d'un bon vin liqueur, bien que déjà de 1811. C'est un des vieux et rares restes du *vin de la comète.*

N° 244. RAISIN BLANC, VIN JAUNE-CLAIR, ou légèrement ambré, doux, à légère amarescence, petit mousseux, mais arrière goût peu agréable. — Récolte de 1834.

M. DE LARUE DU CAN.

Arrondissement d'Angers, Bas-Anjou. — Coteau et rive droite du Layon ; commune de Chaudefonds, en Ardenay ; clos du Pin ; terrain compacte anthraxifère ; exposition du sud-sud-est.

N° 248. RAISIN BLANC, VIN BLANC, sec, léger, amarescent, peu agréable. — Récolte de 1848.

N° 228. RAISIN BLANC, VIN BLANC, très legèrement jaunâtre, un peu mousseux, ayant du corps, du montant, agréable et légèrement acidule, de très longue conservation. — Récolte de 1846.

N. 250. RAISIN BLANC, VIN BLANC-JAUNATRE, mousseux, fort, dur, mais généreux, d'une longue conservation. — Récolte de 1846.

M. DU TILLET.

Arrondissement d'Angers, Bas-Anjou. — Plateau et rive droite de la Loire; commune de Saint-Barthélemy; clos de Nantilly; terrain crétacé inférieur et de transition à sol argileux.

N° 43. RAISIN BLANC, VIN BLANC, légèrement jaunâtre, mousseux, doux, agréable, bon goût de fruit, mais légèrement acidule. — Récolte de 1842.

N° 52. RAISIN BLANC, VIN BLANC, légèrement verdâtre, petit mousseux, léger, agréable, très délicat, très droit. — Récolte de 1846.

MM. FRÉMY frères, fils, et Cie, de Chalonnes.

Arrondissement d'Angers, Bas-Anjou. — Rive droite de la Loire; commune de la Possonnière; clos du Papillon; terrain de transition supérieur, avec roche à base amphibolique.

N° 93. RAISIN BLANC, VIN BLANC, légèrement mousseux, doux. — Récolte de 1846.

N° 94. RAISIN BLANC, VIN BLANC, légèrement jaunâtre, grand mousseux, doux, agréable, du corps et du montant, mais un peu pâteux. vin de dessert. Remarquable comme vin travaillé, d'apiès une partie de la commission de dégustation. — Récolte de 1847.

Arrondissement d'Angers, Bas-Anjou. — Rive gauche de la Loire; commune de Chalonnes; terrain de transition supérieur, calcaire de transition et rognons de marbre.

N° 111. RAISIN BLANC, VIN BLANC, très légèrement jaunâtre, petit mousseux, doux, sucré, goût de fruit, vin d'entremets. — Récolte de 1848.

M. FOLLENFANT.

Arrondissement d'Angers, Haut-Anjou.—Bassin et coteau du Loir; commune de Briollay; clos d'Enrejard, terrain calcaire crétacé inférieur; exposition du sud.

N° 279. RAISIN BLANC, VIN BLANC, clair, ayant du

corps et généreux, fin, avec amarescence presque inappréciable. — Récolte de 1834.

N° 301. RAISIN BLANC, VIN BLANC, léger, agréable, bon. — Récolte de 1848.

N° 304. RAISIN BLANC, VIN BLANC sec, léger, agréable, légèrement mousseux. —Récolte de 1846.

M. FOUGERAY (Emmanuel).

Arrondissement d'Angers, Bas-Anjou. — Coteau et rive gauche du Layon; commune de Rablay; clos du Pré; terrain de transition modifié.

N° 263. RAISIN BLANC, VIN BLANC, légèrement ambré, doux, fort et capiteux, goût de fruit, bon et d'entremets. — Récolte de 1834.

M. GANDON.

Arrondissement d'Angers, Bas-Anjou. — Coteaux et rive gauche du Layon; commune de Rablay; clos de la Roche-Gilbourg, terrain de transition modifié; exposition du nord.

N° 260. RAISIN BLANC, VIN BLANC, légèrement ambré, léger, sec et beaucoup de corps en même temps, mais goût de terroir. — Récolte de 1846.

N°.264. RAISIN BLANC, VIN BLANC-AMBRÉ, fin, agréable, velouté, excellent vin de dessert. — Récolte de 1840.

M. GANNES.

Arrondissement d'Angers, Bas-Anjou. — Rive gauche de la Loire; commune de Soulaines; terrain de transition supérieur.

N° 98. RAISIN BLANC, VIN BLANC, sec, assez fort et capiteux. — Récolte de 1846.

M. GARREAU.

Arrondissement d'Angers, Haut-Anjou. — Rive gauche de la Loire; commune de Saint-Rémy-la-Varenne; terrain crétacé inférieur; exposition du nord.

N° 121. RAISIN ROUGE, VIN TRÈS JOLI ROUGE CLAIR, fin,

délicat, agréable, mais un peu faible, bon ordinaire, mais peu de chance de longue conservation. — Récolte de 1848.

N° 122. RAISIN ROUGE, plant de Bourgogne, rouge comme le précédent, VIN ROUGE TRES CLAIR, léger, agréable, vin d'ordinaire. — Récolte de 1848.

M. DE GIBOT.

Arrondissement d'Angers, Bas-Anjou. — Rive gauche de la Loire; commune de Bouzillé; terrain de transition modifié.

N° 120. RAISIN BLANC, VIN BLANC, léger, faible, droit, mais petit vin. — Récolte de 1848.

N° 134. RAISIN ROUGE, plant de Bourgogne, VIN ROUGE-PALE, dépouillé, léger, fin, agréable, une pointe d'amarescence, arrivé à son point extrême de qualité, vin d'ordinaire de premier choix. — Récolte de 1838.

N° 135. RAISIN ROUGE, VIN ROUGE-CLAIR, d'une bonne nature de vin ordinaire. — Sans désignation d'année.

M. DESIRE GONTARD.

Arrondissement d'Angers, Bas-Anjou. — Rive droite de la Loire; commune d'Angers; crû des Chénais; terrain de transition supérieur, avec rognons de phtanite noire.

N° 33. RAISIN BLANC, VIN BLANC, léger, mousseux, légèrement verdâtre, doux, ayant du montant, bon vin, mais goût de terroir. — Récolte de 1834.

M. GOUIN GONTARD.

Arrondissement d'Angers, Bas-Anjou. — Rive gauche du Layon : commune de Saint-Aubin du Luigné; clos de la Fresnaye; terrain de marbre de transition; sol argileux et compacte.

N° 186. RAISIN BLANC, VIN BLANC JAUNATRE, légèrement mousseux, sec, avec un goût particulier non défini. — Récolte de 1846.

M. GOUJON.

Arrondissement d'Angers, Bas-Anjou. — Coteau et rive droite de la Maine; commune de Beauconzé; clos de l'Oirie (près les Fouassières); terrain de transition supérieur; exposition sud-est.

N° 63. RAISIN BLANC, VIN BLANC, très limpide, légèrement mousseux, très délicat, fin, charmant. — Récolte de 1846.

N° 65. RAISIN BLANC, VIN BLANC, mousseux, très doux, agréable, mais léger, arrière-goût de terroir. — Récolte de 1834.

M. GOUMENAULT.

Arrondissement d'Angets, Bas-Anjou. — Rive gauche de la Loire; eommune de Denée; terrain de transition supérieur; exposition du nord.

N° 104. RAISIN BLANC, VIN JAUNE-AMBRÉ, fin, sec, distingué, ayant du montant, bien que conservant encore le goût de fruit, d'une très belle conservation. — Récolte de 1825, d'heureux souvenir.

N° 103. RAISIN BLANC, VIN BLANC, blanc-jaune-clair, sec, capiteux, tonique, chaud, légèrement mousseux, bon vin vieux. — Récolte de 1825.

Mlle DU GRAND LAUNAY.

Arrondissement d'Angers, Bas-Anjou. — Rive droite de la Loire; commune d'Andard; terrain crétacé inférieur; exposition du midi.

N° 51. RAISIN BLANC, VIN BLANC-JAUNATRE, très clair, fort, capiteux, mais agréable. — Récolte de 1846.

M. GUERIN DES BROSSES.

Arrondissement d'Angers, Bas-Anjou. — Rive droite de la Loire; commune de Saint-Barthélemy, clos de Mont-Friloux; terrain de transition supérieur; exposition du midi; sol argileux compacte.

N° 34. RAISIN BLANC, VIN BLANC-AMBRÉ, doux, chaud, agréable, très fin, très distingué, très bon vin de dessert.

— Récolte de 1825, et d'une très belle conservation encore.

N° 48. RAISIN BLANC, VIN LÉGÈREMENT AMBRÉ, léger, agréable bouquet, goût de fruit, délicieux. — Récolte de 1825. Bien conservé encore, mais arrivé à son dernier degré de qualité possible.

N° 67. RAISIN BLANC, VIN BLANC, très clair, sec, faible, amarescent, goût peu agréable.—Récolte de 1846.

M. GUÉRIN (Lucien).

N° 139. RAISIN ROUGE, VIN ROUGE-CLAIR, faible, âpre, et astringent, sans bouquet, goût peu agréable, de peu de conservation. — Récolte de 1846. Jugé peut-être avec trop de rigueur par la commission de dégustation.

N° 210. RAISIN BLANC, VIN BLANC, clair, petit mousseux, assez doux, droit, légèrement acidule, de premier choix pour manger l'huître. — Récolte de 1846.

N° 212. RAISIN BLANC, VIN BLANC-VERDATRE, petit mousseux, vert, faible, goût de terroir. — Récolte de 1843.

N° 275. RAISIN BLANC, VIN TRANSPARENT, légèrement ambré, sucré, chaud, capiteux, d'une très longue conservation. — Récolte de 1844.

N° 277. RAISIN ROUGE, VIN ROUGE très foncé, ayant du corps, de la force, bon ordinaire, bonne conservation. — Récolte de 1846, mis en bouteille en 1849. C'est le même vin du n° 139, qui n'avait éprouvé aucune altération de la part de la bouteille ou du bouchon.

M. GUILLOIS.

Arrondissement d'Angers, Bas-Anjou. — Rive droite de la Loire ; commune de Sainte-Gemmes-sur-Loire ; terroir dit en Frémur ; terrain de transition supérieur ; schistes délités ; terrain chaud ; exposition du midi.

Nº 280 bis. RAISIN BLANC, VIN BLANC, légèrement verdâtre, mousseux, droit, agréable, un peu acidulé, vin pour huîtres. — Récolte de 1846.

M. GUILLORY aîné.

Arrondissement d'Angers, Bas-Anjou. — Rive droite de la Loire ; commune de Savennières ; crû de la Roche-au-Moine ; terrain de transition supérieur ; sol argilo-schisteux ; exposition du midi.

Nº 77. RAISIN ROUGE, pineau fin de Bourgogne (de cinq années de plantation), VIN ROUGE COULEUR ORDINAIRE, léger bouquet. faible, bon vin. bien que peu fort. — Récolte de 1847.

Nº 77 bis. RAISIN ROUGE, VIN ROUGE FONCÉ, léger, corcé, cachet et type de Bourgogne très prononcé, très bon vin d'ordinaire arrivé à son degré de vinosité. — Récolte de 1847.

La grande différence des deux échantillons n'a pu tenir qu'à l'état défectueux de la bouteille nº 77.

M. HARAN.

Arrondissement de Saumur, Haut-Anjou. — Rive droite de la Loire ; commune du Mozé ; clos de la Roche ; sol calcaire-coquillier ; terrain cretacé-inférieur.

Nº 26. RAISIN BLANC, VIN BLANC, très clair, légèrement mousseux, léger, très délicat, très doux, véritable tisane de Champagne. — Récolte de 1846.

M. HEBERT (Eugène).

Arrondissement d'Angers, Bas-Anjou. — Plateau et rive droite de la Maine ; commune de Saint-Jean-de-Linière ; clos des Rocheries ; terrain de transition supérieur.

Nº 66. RAISIN BLANC, VIN BLANC, limpide, léger,

agréable, doux, goût de fruit, fin et délicat. — Récolte de 1846.

M. HIRON (Montjean).

Arrondissement de Beaupreau, Bas-Anjou. — Rive gauche de la Loire ; commune de Montjean ; clos de Salvert ; terrain de transition supérieur, anthraxifère ; exposition du sud.

N° 115. RAISIN BLANC, VIN BLANC, sec, fort, capiteux, mais bon. — Récolte de 1848.

N° 116. RAISIN BLANC, VIN BLANC, léger, mousseux, faible, droit, net, mais légèrement acidule. — Récolte de 1846. Inférieur aux vins ordinaires de Clos-Salvert.

M. HOSSARD.

Arrondissement de Baugé, Haut-Anjou. — Rive gauche et plateau du Loir ; commune de Jarzé ; clos de Monplacé ; exposition sud-sud est ; terrain cretacé inférieur.

N° 4. RAISIN BLANC, VIN BLANC, clair, léger, agréable, très doux, excellent goût de fruit. — Récolte de 1846.

M. LE Dr HUNAULT.

Arrondissement d'Angers, Bas-Anjou, rive gauche du Layon ; commune de Chaudefonds, clos du Grand-Pé ; terrain calcaire de transition ; sol schisto-argileux, mêlé de silex sur le plateau.

N° 1 bis. RAISIN BLANC, VIN TRÈS AMBRE, très bon, très agréable et de dessert. — Récolte de 1825.

N° 257. RAISIN BLANC ; VIN AMBRÉ FONCÉ, sec, doux, généreux, ressemble au Madère doux, vin fin. — Récolte de 1834.

M. HUTTEMIN.

Arrondissement d'Angers, Bas-Anjou. — Plateau de la Loire, rive gauche, commune de Brissac ; clos de Tessigné ; terrain tertiaire moyen, 4e étage ; sables supérieurs.

N° 126. RAISIN ROUGE, plant de Bourgogne et Aunis, VIN ROUGE-CLAIR, peu de corps, un peu jaune et acidule, petit ordinaire, susceptible d'amélioration, de peu de conservation. — Récolte de 1846.

M. JANIN.

Arrondissement d'Angers, Bas-Anjou. — Rive droite de la Loire; commune de Corné; terrain crétacé inférieur; exposition sud.

N° 5. RAISIN BLANC, VIN BLANC, faible, droit, léger, un peu acidule. — Récoltes de 1848 et 1846.

M. DE JOURDAN.

Arrondissement d'Angers, Bas-Anjou. — Rive droite de la Loire; commune de Savennières; clos de la Roche-aux-Moines; terrain de transition supérieur; schistes délités; exposition sud.

N° 267. RAISIN BLANC, VIN TRÈS BLANC et limpide, fin, délicat, liquoreux, vin de dessert. — Récolte de 1846.

N° 274. RAISIN BLANC, VIN BLANC-VERDATRE, doux, agréable, bon goût de fruit, mais goût de terroir très peu sensible, d'une longue conservation. — Récoltes de 1846 et 1834.

M. DE KERSABIEC.

Arrondissement d'Angers, Bas-Anjou. — Rive gauche du Layon; commune de Rablay, crû de Mirebeau; terrain de transition modifié; exposition nord.

N° 182 RAISIN BLANC, VIN BLANC, doux, vineux, très bon goût de fruit, vin d'entremets.—Récolte de 1846.

Arrondissement d'Angers, Bas-Anjou. — Rive droite et gauche du Layon; communes de Chanzeaux et Beaulieu; crû de la Chauvelière; terrain de transition modifié; exposition sud-sud-ouest.

N° 184. RAISIN BLANC, VIN BLANC JAUNATRE, ambré, belle couleur, mousseux, agréable, généreux, fin, vin fait, très bien conservé. — Récolte de 1834.

N° 192. RAISIN BLANC, VIN TRÈS BLANC, petit-mousseux, léger, fin, sec, droit et agréable, bon vin. — Récolte de 1846.

M. LANGLOIS-COURANT.

Arrondissement d'Angers, Bas-Anjou. — Rive droite de la Loire; commune de Sainte-Gemmes-sur-Loire; clos des Grandes-Maisons; terrain de transition supérieur.

N° 292. RAISIN BLANC, VIN BLANC-CLAIR, fort, ayant

du corps, capiteux, de bonne qualité et de bonne conservation. — Récolte de 1846.

M. LANGLOIS (Henri).

Arrondissement d'Angers, Bas-Anjou. — Plateau de la rive gauche
de la Loire; commune de Saint-Jean-des-Mauvrets; clos de Châ-
teau-Monnet, terrain de transition supérieur.

Nº 2 bis. RAISIN BLANC. VIN AMBRÉ, jaune d'or,
doux, fin, liquoreux, excellent, vin de dessert. — Récolte de 1825.

M. LATTAY-DUBREIL.

Arrondissement d'Angers, Bas-Anjou. — Rive gauche du Layon;
commune de Rablay; terrain de transition modifié.

Nº 93. RAISIN BLANC, VIN BLANC. clair, léger, agréable,
et d'une qualité rare pour l'année 1848.

Arrondissement d'Angers, Bas-Anjou. — Clos de la Roche.

Nº 171. RAISIN BLANC. VIN BLANC-JAUNATRE. petit
mousseux, léger, doux, fin, agréable et bon. — Récolte
de 1846.

Nº 262. RAISIN BLANC, VIN BLANC-CLAIR, doux, léger,
bon goût de fruit et très agréable, et cependant de l'année médiocre de 1847.

M. LEBRETON-GASNIER.

Arrondissement de Beaupreau, Bas-Anjou.— Rive gauche de la Loire;
commune de Montjean; clos du Pirbouet; terrain de transition supérieur et terrain anthraxifère; exposition du sud.

Nº 113. RAISIN BLANC, VIN BLANC, légèrement jaunâtre, sec, corsé, haut, droit, bon. — Récolte de 1848.

Nº 114. RAISIN BLANC, VIN BLANC, légèrement jaunâtre, très doux, bon goût de fruit. — Récolte de 1847.

M. LEBRERON-COINTRI.

Arrondissement de Beaupreau, Bas-Anjou. — Rive gauche de la
Loire; commune de Montjean; clos du Pirhouet, terrain houillier,
exposition sud.

Nº 110. RAISIN BLANC, VIN TRÈS BLANC, très clair,

doux, léger. droit, tient la bouche nette, et des plus agréables parmi les crûs de Maine et Loire. — Récolte de 1848.

Ce vin est fait à plusieurs fois, suivant la maturité, égrappé et d'une seule pression.

M. LÉCHALAS.

Arrondissement d'Angers, Bas-Aujou. — Rive droite de la Maine, commune de Bouchemaine; clos de Bellevue, terrain de transition supérieur; exposition du sud.

N° 71. RAISIN ROUGE, VIN ROUGE, clair, belle couleur. léger, agréable. bon ordinaire, mais peu de chance de conservation. — Année inconnue.

M. LEGOUX.

Arrondissement de Baugé, Haut-Anjou. — Bassin du Loir ; commune de Corzé; clos d'Ardennes; terrain crétacé inférieur.

N° 6. RAISIN BLANC, VIN BLANC, léger, sec. — Récolte de 1846.

N° 10. RAISIN ROUGE, VIN BEAU ROUGE violetté, jeune, avec trop d'âpreté, vin d'ordinaire, un peu verdelet, mais peut gagner et est susceptible de conservation. — Récolte de 1846.

M. LEGRIS (Victor).

Arrondissement d'Angers, Bas-Anjou. — Rive droite de la Maine, commune de Bouchemaine; clos des Cordonneries; terrain de transition supérieur, schisteux et sol argileux.

N° 64. RAISIN BLANC, VIN BLANC-JAUNATRE, très clair, sec, fort, goût de terroir. — Récolte de 1840.

M. LEGRIS, père.

Arrondissement d'Angers, Bas-Anjou. — Rive droite de la Loire ; commune de Trelazé; crû de la Grande-Lande; terrain de transition supérieur.

N° 32. RAISIN BLANC, VIN COULEUR AMBREE, de la vi-

nosité et du corps. très bon vin d'entremets, bien conservé. — Récolte de 1825.

N° 36. RAISIN BLANC, VIN JAUNE-AMBRÉ. limpide,
doux, agréable, corsé et de dessert. — Récolte de 1825.

M. LEMÉE-VIGER.

Arrondissement d'Angers, Bas-Anjou. — Plateau rive gauche de
la Loire, commune de Mozé; crû de la Roche de Mozé; terrain de
transition supérieur.

N° 100. RAISIN BLANC. VIN BLANC. légèrement mousseux, acidule faible. — Récolte de 1848.

M. OLIVIER LEMOTHEUX.

Arrondissement de Segré, Bas-Anjou. — Rive droite de la Sarthe;
commune de Châteauneuf; clos des Gouttières; terrain de transition
supérieur.

N° 21. RAISIN BLANC, VIN BLANC, peu limpide, légèrement mousseux, assez léger et assez agréable, bon. —
Récolte de 1846.

M. LESOURD-DE-L'ISLE.

Aarrondissement d'Angers, Bas-Anjou. — Rive droite de la Maine,
commune d'Angers; crû des Fouassières; terrain de transition supérieur; exposition sud-sud-est.

N° 57. RAISIN BLANC, VIN BLANC très clair, mousseux. doux, agréable, non champanisé. — Récolte
de 1843.

De très bonne conservation; mousseux dix ans, et
trente années de conservation.

N° 57. RAISIN BLANC, VIN BLANC jaunâtre, doux,
agréable, fin, délicat; très bon, vin d'entremets. —
Récolte de 1835.

N° 58. RAISIN BLANC, VIN BLANC, mousseux, goût
de fruit, agréable, légèrement acidule. — Récolte
de 1847.

N° 60. RAISIN ROUGE. plant de Bourgogne. VIN BLANC

rosé, grand mousseux, ayant du corps, du montant, fin, agréable, goût de fruit, champanisé et bon Champagne. — Récolte de 1843.

N° 61. RAISIN ROUGE, VIN BLANC rosé, légèrement mousseux, doux, léger, ayant un petit bouquet agréable, vin champanisé. — Récolte de 1843.

La bouteille n'était pas hermétiquement close.

Les essais de ce genre datent pour M. Lesourd de 1827, et la mise dans le commerce de 1835.

N° 62. RAISIN BLANC, VIN BLANC, légèrement jaunâtre, doux, agréable, fin, soumis à des décantages successifs, et vin champanisé. — Récolte de 1843.

N° 68. RAISIN ROUGE, plant de Sillery (Champagne), VIN ROUGE foncé, belle couleur, aura de la force, est astringent, susceptible de devenir très bon. — Récolte de 1849.

Cuvé à vase clos, par un procédé spécial de M. Lesourd.

N° 69. RAISIN ROUGE, dit plant de Bourgogne, VIN ROUGE clair, faible, droit, sans acidité, un peu faible, mais avec chances d'amélioration. — Récolte de 1849, année de médiocre qualité.

Cuvé à vase ouvert et par comparaison.

M. LÉTOURNEAU-AUBRY.

Arrondissement d'Angers, Bas-Anjou.—Plateau et rive gauche du Loir, commune de Saint-Sylvain ; clos de Chambreville ; terrain crétacé inférieur.

N° 12. RAISIN ROUGE, plant de Bourgogne, VIN ROUGE foncé, ayant du corps, de la force, un bouquet sensible, gagnera beaucoup, bon ordinaire. — Récolte de 1848.

M. LOGERAIS.

Arrondissement d'Angers, Bas-Anjou. — Rive droite du Loir ; commune de Soucelles, à la Roche-Fouques ; terrain crétacé inférieur ; exposition sud-est.

N° 17. RAISIN BLANC, VIN BLANC très clair, doux,

sucré, léger, fin, goût particulier, qui ne nuit pas à sa
qualité. — Récolte de 1846.

M. MICHELIN.

Arrondissement de Beaupreau, Bas-Anjou. — Rive gauche de la
Loire; commune de Saint-Florent-le-Vieil; terrain de transition modifié.

N° 118. RAISIN BLANC, VIN BLANC, très faible, acidule. — Récolte de 1848.

M. MAUVIF DE MONTERGON.

Arrondissement d'Angers, Bas-Anjou. — Rive gauche de la Loire;
clos de la Gillardière; commune de Mûrs; terrain de transition supérieur.

N° 171. RAISIN BLANC, VIN BLANC, légèrement ambré,
doux et fort tout à la fois, fin, délicat, excellent goût
de fruit. — Récolte de 1846.

M. LE Dr MIRAULT.

Arrondissement d'Angers, Bas-Anjou. — Plateau de la rive droite
de la Loire; commune de Saint-Barthélemy; clos de la Marmitière;
terrain de transition supérieur; exposition sud.

N° 56. RAISIN ROUGE, plant de Bourgogne, VIN ROUGE
foncé, ayant de la force, du corps, gagnant à être gardé,
bon vin d'ordinaire. — Récolte de 1846.

N° 53. RAISIN ROUGE, plant de Bourgogne, VIN ROUGE
foncé, corsé, généreux, léger bouquet, très bon vin,
beaucoup d'avenir. — Récolte de 1846.

N° 55. RAISIN ROUGE, plant de Bourgogne, VIN ROUGE,
joli vin, bien que jeune, agréable et d'un bon ordinaire.
Se conserve parfaitement, et le plant qui le fournit renferme du côt ou pied de perdrix.

M. DE MONTAIGU.

Arrondissement de Saumur, Haut-Anjou. — Rive gauche de la
Loire; commune do Trèves-Cunault; clos de Combres; terrain crétacé inférieur.

N° 141. RAISIN ROUGE, VIN ROUGE très foncé, ayant

du corps et du montant, susceptible d'amélioration et d'une longue conservation. — Récolte de 1846.

N° 142. RAISIN ROUGE, VIN ROUGE, commun, âpre, bouquet peu agréable, mais il promet une bonne conservation.

M. MOREAU, de Brissac.

Arrondissemeut d'Angers, Bas-Anjou. — Rive gauche de la Loire; commune de Saint-Jean des Mauvrets; crû de Beaumont; terrain crétacé inférieur.

N° 99. RAISIN BLANC, VIN BLANC très clair, légèrement mousseux, fort vert, douceur un peu plate et cependant capiteux, d'une conservation prolongée. — Récolte de 1846.

N° 197. RAISIN ROUGE. mélangé de plants d'Aunis, de Bourgogne, côt de Touraine, VIN ROUGE, d'un beau rouge violacé, petit ordinaire, goût franc léger et coulant. — Récolte de 1846.

Le colonel MORON.

Arrondissement d'Angers, Bas-Anjou. — Rive gauche de la Loire; commune de Rochefort; coteau de Piégu; terrain de transition supérieur, avec rognons d'eurite ou porphyre granitoïde.

N° 105. RAISIN BLANC, VIN BLANC limpide, légèrement mousseux, ayant de la force, bien que léger, sec-intermédiaire. — Récolte de 1842.

N° 106. RAISIN BLANC, VIN BLANC ambré, devenu dur et passé, bien qu'ayant encore de la force. — Récolte de 1825.

N° 107. RAISIN BLANC, VIN BLANC jaunâtre, légèrement mousseux, léger, fin, doux, petit goût de terroir, mais faible, belle conservation. — Récolte de 1834.

N° 108. RAISIN BLANC, VIN BLANC, légèrement jaunâtre, mousseux, fin, sec, agréable. — Récolte de 1848.

N° 131. RAISIN ROUGE, cépage de Saint-Nicolas de Bourgueil, VIN ROUGE, il a du corps, de la force et un peu d'amarescence, susceptible d'amélioration et de conservation. vin d'ordinaire.

M. OURIOU.

Arrondissement d'Angers, Bas-Anjou. — Rive droite du Layon ; commune de Chavagnes ; clos des Blaudries ; terrain de transition supérieur.

N° 240. RAISIN BLANC, VIN BLANC doux, goût de fruit, fin, gagnera. — Récolte de 1846.

Arrondissement d'Angers. — Rive droite du Layon ; commune de Thouarcé, crû de Bonnezeaux ; terrain tertiaire moyen, 4° étage ; sables supérieurs ; exposition du sud.

N° 247. RAISIN BLANC, VIN BLANC, blanc-jaunâtre, doux, sucré, agréable, ayant du corps, goût de fruit, généreux, bon vin de dessert, peut se conserver, s'améliorer encore. — Récolte de 1848.

Arrondissement d'Angers, Bas-Anjou. — Commune de Thouarcé ; terroir de Bonnezeaux.

N° 247 bis. RAISIN BLANC, VIN BLANC, couleur jaunâtre, doux, sucré, agréable, corsé, un peu lourd, vin de dessert. — Récolte de 1848.

M. PAVIE, père.

Arrondissement d'Angers, Bas-Anjou. — Rive droite et plateau de la Loire ; commune de Saint-Barthélemy ; clos des Ranjeardières ; terrain de transition supérieur ; sol argileux compacte ; exposition du sud.

N° 38. RAISIN BLANC, VIN BLANC, jaune couleur d'or, sec, un peu amarescent, commence à passer. — Récolte de 1819.

M. PASQUERAYE.

Arrondissement d'Angers, Bas-Anjou. — Rive droite du Layon ; commune de Faye, les Nods ; terrain de transition supérieur.

N° 79. RAISIN BLANC, VIN BLANC, jaune-pâle, un peu nébuleux, doux et sec intermédiaire, très bien conservè, ne pouvant plus que baisser de qualité. — Récolte de 1822.

Nº 272. RAISIN BLANC, VIN BLANC ambré, très doux, très sucré, bon goût de fruit, de dessert. — Récolte de 1834.

Arrondissement d'Angers, Bas-Anjou. — Rive droite du Layon; commune de Faye, des Vergères; terrain de transition supérieur; exposition sud.

Nº 273. RAISIN BLANC, VIN BLANC, couleur ambrée, goût de terroir, mais parfumé, bon, bien que vieilli. — Récolte de 1822.

M. PÉROU.

Arrondissement d'Angers, Bas-Anjou. — Plateau et rive gauche du Loir; commune de Saint-Sylvain; clos de Brossais; terrain crétacé inférieur.

Nº 11. RAISIN ROUGE, VIN ROUGE, violet foncè, chaud, ayant du corps, bon ordinaire, chance d'amélioration. — Récolte de 1846.

M. POITOU-GODARD.

Arrondissement de Saumur, Bas-Anjou. — Plateau et rive gauche du Layon; commune de Tigné; clos de la Chevelue; terrain tertiaire moyen, 3ᵉ étage molasse coquillière.

Nº 283. RAISIN BLANC, VIN BLANC, légèrement mousseux, agréable et léger. — Récolte de 1846.

Nº 300. RAISIN BLANC, VIN BLANC doux, goût de fruit, agréable, ayant de la force, bon. — Récolte de 1846.

M. PETON, de Tigné.

Arrondissement de Saumur, Bas-Anjou. — Rive gauche du Layon; commune de Tigné; terrain tertiaire, 3ᵉ étage, molasse coquillière; exposition est.

Nº 276. RAISIN ROUGE, plant de Bourgogne, VIN ROUGE,

clair, bien dépouillé, vin fait, agréable, tonique, très bon ordinaire. — Récolte de 1846.

Arrondissement de Saumur, Bas-Anjou. — Rive droite du Layon ; commune de Martigné, crû de Maligné ; même terrain.

N° 282. RAISIN BLANC, VIN BLANC jaunâtre, léger, bon, délicat, un des bons vins de Maligné.

Arrondissement d'Angers, Bas-Anjou. — Rive gauche de la Loire, commune de Rochefort, crû des Quarts-de-Chaumes ; terrain de transition supérieur ; exposition du sud.

N° 285. RAISIN BLANC, VIN BLANC, légèrement mousseux, faible, droit, un peu dur, mais sec. — Récolte de 1846.

Arrondissement de Saumur, Bas-Anjou. — Rive gauche et plateau du Layon, commune de Tigné ; terrain tertiaire moyen, 3ᵉ étage, molasse coquillière.

N° 280. RAISIN BLANC, VIN BLANC, grand mousseux, léger, un peu de verdeur, mais agréable. — Récolte de 1846.

Arrondissement de Saumur, Bas-Anjou. — Rive gauche et plateau du Layon ; commune d'Aubigné ; crû de Mioudy ; terrain tertiaire moyen, 3ᵉ étage, molasse coquillière.

N° 288. RAISIN BLANC, VIN BLANC, très doux, goût de fruit, léger, agréable, fin. — Récolte de 1846.

Arrondissement d'Angers, Bas-Anjou. — Rive gauche de la Loire ; commune de Rochefort, Quarts-de-Chaumes ; terrain de transition supérieur.

N° 286. RAISIN BLANC, VIN BLANC, légèrement jaunâtre, mousseux ; saveur agréable et piquante, très bon goût de fruit. — Récolte de 1848.

N° 295. RAISIN BLANC, VIN BLANC, très léger, sucré, excellent goût de fruit tirant un peu sur le muscat ; excellent, s'améliorant de plus en plus. — Récolte de 1848.

Arrondissement d'Angers, Bas-Anjou. — Rive gauche de la Maine ; les fours à chaux, versant ouest ; terrain de transition supérieur, mélangé de calcaire.

N° 296. RAISIN BLANC, VIN BLANC-VERDATRE, mousseux ; il a du montant, de la légèreté, est agréable, et même vin d'entremets. — Récolte de 1846.

Arrondissement d'Angers, Bas-Anjou. — Rive gauche de la Loire; commune de Rochefort, Quarts-de-Chaumes; terrain de transition supérieur; exposition du sud.

N° 298. RAISIN BLANC, VIN BLANC, légèrement mousseux, doux, vineux, saveur spéciale, diversement jugé. — Récolte de 1847.

M. PLANCHENAULT.

Arrondissement d'Angers, Bas-Anjou. — Rive droite de la Loire; commune de la Possonnière, clos de la Roche de Line; terrain de transition supérieur.

N° 86. RAISIN BLANC, VIN BLANC, clair, doux, bon goût de fruit, léger, bon vin. — Récolte de 1848.

M. DE LA POMMERAIE.

Arrondissement d'Angers, Bas-Anjou. — Rive droite de la Sarthe; communes de Soulaire et Bourg; terrain crétacé inférieur.

N° 16. RAISIN BLANC, VIN BLANC, très clair, blanc-jaunâtre, sec, capiteux, très fin, belle conservation. — Récolte de 1834.

N° 119. RAISIN BLANC, VIN BLANC, léger, sec, acidule, bon ordinaire. — Récolte de 1846.

N° 23. RAISIN BLANC, VIN BLANC, léger, ambré, très clair, généreux, mi-sec et mi-doux. — Récolte de 1825.

M. PRIOU-CIRET.

Arrondissement de Saumur, Bas-Anjou. — Plateau et rive gauche de la Loire; commune de Grézillé, canton de Gennes, terrain crétacé inférieur.

N° 140. RAISIN ROUGE, VIN ROUGE, légèrement violacé; il a du corps, du montant, du bouquet, trop de douceur dans sa jeunesse, bien qu'avec du piquant.

N° 208. RAISIN BLANC, VIN BLANC, léger, clair, agréable, fin, sec et délicat.

M. PRUDHOMME-LEBRETON.

Arrondissement de Saumur, Bas-Anjou. — Rive droite du Layon ; commune de Martigné-Briant ; terrain crétacé inférieur.

N° 181. RAISIN BLANC, VIN BLANC, légèrement jaunâtre, petit mousseux, doux, léger, agréable, devant gagner et de très bonne conservation. — Récolte de 1846.

M. QUELIN.

Arrondissement d'Angers, Bas-Anjou. — Rive gauche de la Loire ; commune de Mûrs ; du grand clos d'Erigné ; exposition du midi ; terrain de transition superieur.

N° 268. RAISIN BLANC, en pineau blanc, VIN BLANC, légèrement jaunâtre, ayant du corps et de la chaleur, bon, bien qu'avec un très léger goût de terroir. — Récolte de 1836.

N° 269. RAISIN BLANC, VIN BLANC-AMBRÉ, agréable, excellent, bien conservé, même crû.—Récolte de 1815.

M. RENOU.

Arrondissement d'Angers, Bas-Anjou. — Rive droite du Layon ; commune de Faye, village de Mont ; terrain de transition supérieur.

N° 243. RAISIN BLANC, VIN BLANC, légèrement verdâtre, très doux, léger, bon goût de fruit, agréable, excellent ordinaire. — Récolte de 1848.

M. CH. ROBERDEAU, de Saumur.

Arrondissement de Saumur, Haut-Anjou. — Bassin et vallée de la rive droite de la Loire ; commune de Neuillé ; terrain silicéo-calcaire.

N° 165. RAISIN ROUGE, plant du côt de Jacopin, dit de Bourgueil, VIN BEAU ROUGE, léger, délicat, bouquet agréable, très bon ordinaire, un peu jeune. — Récolte de 1846.

M. DE ROMAIN.

Arrondissement d'Angers, Bas-Anjou. — Rive droite de la Loire ; commune de la Possonnière ; terrain de transition supérieur.

N° 256. RAISIN BLANC, VIN BLANC, grand mousseux, naturel, doux, léger, agréable, bon vin de dessert. — Récolte de 1848.

N° 254. RAISIN BLANC, VIN BLANC-VERDATRE, léger,
mousseux, doux, fin, délicat, très bon goût de fruit,
belle qualité, bien de garde. — Récolte de 1848.

M. DU ROUZAY.

Arrondissement d'Angers, Bas-Anjou. — Rive gauche de la Loire;
commune de Saint-Jean des Mauvrets; terrain crétacé inférieur.

N° 270. RAISIN ROUGE, VIN ROUGE FONCÉ, ayant du
corps, du montant, promet beaucoup et bon ordinaire.
— Récolte de 1846, bonne année.

M. ROY, de Saumur.

Arrondissement de Saumur, Haut-Anjou.—Rive gauche de la Loire;
commune de Souzay, crû de Champigny-le-Sec; terrain tertiaire
moyen; sable supérieur et calcaire d'eau douce.

N° 144. RAISIN ROUGE, VIN ROUGE, foncé en couleur,
droit, agréable, corsé, léger bouquet, bon ordinaire,
gagnera beaucoup. — Récolte de 1847.

N° 145. RAISIN ROUGE, VIN ROUGE-FONCÉ, belle couleur, du corps, de la chaleur, du bouquet, bon ordinaire, susceptible d'amélioration. — Récolte de 1846.

N° 146. RAISIN ROUGE, VIN ROUGE, légèrement violacé, actuellement âpre, vert, froid, astringent, cependant vin d'ordinaire droit, susceptible avec le temps de
grande amélioration, opinions divergentes. — Récolte
de 1849.

N° 147. RAISIN ROUGE, VIN ROUGE-FONCÉ, ayant du
corps, bon ordinaire et gagnera beaucoup. — Récolte
de 1848.

N° 148. RAISIN ROUGE, VIN ROUGE, d'un beau rouge,
limpide, léger, fin, très délicat, un peu faible, mais vin
d'entremets. — Récolte de 1844.

M. DE RUSSON.

Arrondissement d'Angers, Bas-Anjou. — Rive droite du Layon;
commune de Thouarcé; crû de Bonnezeaux; terrain calcaire moyen,
sables supérieurs.

N° 218. RAISIN BLANC, VIN BLANC, très blanc et

bien limpide, doux. agréable. fin, délicat, léger, bon goût de fruit, vin d'entremets. — Récolte de 1846.

Il a été fait avec du raisin bien en maturité, laissé 18 jours sur la paille avant le pressurage, et à l'instar du Tockay.

N° 220. RAISIN BLANC, VIN BLANC ambré, assez doux, fin, bon, agréable. d'entremets, bien conservé. — Récolte de 1807.

N° 221. RAISIN BLANC, VIN BLANC, jaune d'or foncé, généreux, liquoreux, très distingué comme vin de dessert. — Récolte de 1825.

N° 233. RAISIN BLANC, VIN BLANC-AMBRÉ, très foncé, liquoreux, généreux, excellent, d'une parfaite conservation et tenant du Malaga ou du Madère, léger. — Récolte de 1811.

N° 236. RAISIN BLANC, VIN BLANC. légèrement jaunâtre. petit mousseux, fin, délicat, de la fraîcheur et du pétillant, fort agréable, de longue conservation. — Récolte de 1848.

N° 245. RAISIN BLANC, VIN BLANC, blanc très clair, légèrement mousseux, léger, acidule, agréable. — Récolte de 1846.

M. DE SAINT-JEAN.

Arrondissement d'Angers, Bas-Anjou. — Rive gauche de la Loire; commune de Rochefort; coteau de Saint-Lezin; terrain de transition supérieur, avec rognons d'eurite granitoïde ou porphyre.

N° 130. RAISIN ROUGE, VIN ROUGE, limpide, bel œil, goût exagéré du Bourgogne, diversement interprété, fort bon sans cette particularité. — 1842.

N° 232. N'était pas dans les conditions de dégustation rigoureuse, par accident : la bouteille avait été brisée et le vin avarié par suite. Provenant des plants de Nuits (Côte-d'Or). — 1846.

N° 133. RAISIN ROUGE. plant de Nuits, VIN ROUGE,

de belle couleur. un peu foncé, bouquet agréable, vin corsé, bon ordinaire. — Récolte de 1848.

M. DE SAPINAUD.

Arrondissement d'Angers, Bas-Anjou. — Rive droite de la Loire; commune d'Epiré, en Savennières ; terrain de transition supérieur.

N° 82. RAISIN BLANC, VIN BLANC, légèrement jaunâtre. mousseux, ayant du corps, avec légère verdeur, et arrière-goût un peu amarescent, de longue conservation. — Récolte de 1847, mauvaise année.

N° 72. RAISIN BLANC, VIN BLANC, léger, mousseux, fin, mais goût de terroir. — Récolte de 1846.

N° 299. RAISIN BLANC, VIN BLANC, légèrement verdâtre, un peu mousseux, très doux, très sucré, fin, excellent goût de fruit ; la généralité de la commission y distingue un peu de verdeur. — Récolte de 1848.

M. DE SOLAND, père.

Arrondissement d'Angers, Bas-Anjou. — Rive droite du Layon ; commune de Faye ; terrain de transition supérieur ; exposition sud.

N° 218. RAISIN BLANC, VIN BLANC-AMBRÉ, mousseux, doux, généreux, bon et de dessert. — Récolte de 1834.

N° 253. RAISIN BLANC, VIN BLANC, ambré légèrement, doux, léger, fin, capiteux et généreux, de longue conservation et d'entremets. — Récolte de 1840.

N° 255. RAISIN BLANC, VIN BLANC, légèrement ambré. léger, goût un peu de terroir, arrivé à son terme. — Récolte de 1822.

M. THOMAS.

Arrondissement de Saumur, Haut-Anjou.— Rive gauche du Thouet; commune de Brossay, canton de Montreuil-Bellay ; terrain jurassique, étage inférieur.

N° 137. RAISIN ROUGE, VIN ROUGE, violacé, faible, léger, bouquet peu prononcé, un peu d'âpreté, vin d'ordinaire. — Récolte de 1846.

N° 216. RAISIN BLANC, VIN BLANC, legèrement mousseux, un peu vert et acidule, faible. — Récolte de 1846.

N° 136. RAISIN ROUGE, VIN ROUGE, faible, léger, coulant, faible et peu alcoolique, peu susceptible de conservation. — Récolte de 1847.

M. THUAU-VERRIÈRES.

Arrondissement d'Angers, Bas-Anjou. — Rive droite de la Loire ; commune de Trelazé ; terrain jurassique inférieur ; exposition sud.

N° 49. RAISIN BLANC, VIN BLANC, légèrement jaunâtre, doux, fin, mais goût spécial de terroir. — Récolte de 1846.

Clos de Verrières.

N° 50. RAISIN BLANC, VIN BLANC-AMBRE, brillant, doux, agréable, goût de fruit parfait, bonne conservation. — Récolte de 1825, de bonne mémoire pour la qualité générale de l'année.

N° 54. RAISIN ROUGE, plant de Bordeaux, VIN ROUGE, d'un bel œil, vin bon, ordinaire, susceptible de conservation. — Récolte de 1846.

M. TROU.

Arrondissement d'Angers, Bas-Anjou. — Rive gauche du Layon ; commune de Faveraye ; clos de Lassay ; terrain de transition modifié.

N° 133. RAISIN BLANC, VIN BLANC, légèrement jaunâtre, léger, agréable, goût de fruit.

N° 188. RAISIN BLANC, VIN BLANC, légèrement mousseux, doux, agréable. — Récolte de 1846.

N° 189. RAISIN ROUGE, plant de Bourgogne, VIN ROUGE FONCÉ, chaud. généreux, fort, un peu d'astringence et d'amarescence, mais bon vin d'ordinaire et susceptible de gagner. — Récolte de 1846.

M. VALLEE, de Saint-Melaine.

Arrondissement d'Angers, Bas-Anjou. — Rive gauche de la Loire; commune de Soulaines; terrain de transition supérieur.

N° 127. RAISIN ROUGE, Petit-Gamet, Taconnet et Petit-Meunier, mélangés, VIN ROUGE, belle couleur, très foncé, ayant du corps, un peu d'astringence, bon vin d'ordinaire, ayant de l'avenir et susceptible d'une bonne conservation. — Récolte de 1847.

N° 128. Crû de la Tacheronnière, complant de Lune; RAISIN ROUGE, VIN ROUGE violacé, franc, droit, ayant du corps, vin d'ordinaire, bon avenir. — Récolte de 1847.

N° 129. Clos de la Tacheronnière, PLANT ROUGE de Gamet, Taconnet et Petit Meunier, VIN ROSAT, mousseux, joli vin, acidule, saveur exceptionnelle, diversement jugé, agréable pour l'été, vin non fermenté sur grappe. — Récolte de 1847.

Arrondissement d'Angers, Bas-Anjou. — Rive gauche de la Loire; commune de Rochefort; Quarts de Chaumes à l'Echaudrie; terrain de transition supérieur schisto-houiller.

N° 246. RAISIN BLANC, VIN BLANC, mousseux, doux et acidule en même temps, fin, bon vin. — Récolte de 1846.

Arrondissement d'Angers, Bas-Anjou. — Rive droite du Layon; commune de Thouarcé; clos de la Poissonnière; terrain tertiaire moyen, 4e étage, sables supérieurs.

N° 251. RAISIN BLANC, VIN BLANC, mousseux, léger, agréable. — Récolte de 1846.

M. VALLET.

Arrondissement de Saumur, Haut-Anjou.—Plateau de la rive gauche de la Loire; commune de Souzay, crû de Champigny-le-Sec; terrain tertiaire moyen, 2e et 4e étages; calcaire d'eau douce et sables supérieurs.

N° 159. RAISIN ROUGE, VIN ROUGE, belle couleur,

léger, coulant, agréable, bon ordinaire, mais froid, de garde. — Récolte de 1847.

N° 160. Du clos Neuf (Champigny-le-Sec); RAISIN ROUGE, VIN ROUGE-CLAIR, léger, fin, du bouquet, délicat, mais faible. — Récolte de 1848.

N° 164. RAISIN ROUGE, VIN ROUGE-CLAIR, bien dépouillé, généreux, pointe d'amarescence, mais bon. — Récolte de 1846.

N° 169. RAISIN BLANC, VIN BLANC, doux. agréable, léger, bon vin et vin de dessert. — Récolte de 1848.

M. VIBERT.

Arrondissement d'Angers, Bas-Anjou. — Rive droite du Layon; commune de Beaulieu; sur roches amphiboliques.

N° 235. Léger, mousseux, acidule. assez bon, mais goût de terroir. — Récolte de 1846.

D'une propriété de M. Leroy père, du Grand-Jardin.

Pour copie conforme :

MILLET, *président.*

ALLARD et Dr HUNAULT, *secrétaires-rédacteurs.*

SÉANCE DE CLOTURE

DE L'APPRÉCIATION ET DE LA DÉGUSTATION DES VINS,

Du 27 janvier 1850

A la séance de clôture des opérations qui précèdent, après un discours de M. le préfet du département, qui présidait la réunion, et qu'ainsi que nous l'avons dit, nous n'avons pu nous procurer ni reproduire, attendu le changement presqu'immédiat de M. Besson, de la préfecture de Maine et Loire, à celle de la Haute-Garonne, l'un des secrétaires du bureau, M. le docteur Hunault, dans quelques mots dont nous reproduirons seulement ici les principales idées, remercie d'abord MM. les premiers magistrats du département et de la cité, MM. les étrangers et MM. les exposants en particulier, de la sollicitude, du zèle et du dévouement dont ils ont fait preuve en répondant à l'appel du comice, et en s'associant ainsi à son œuvre et à ses travaux.

M. le secrétaire croit devoir ensuite appeler l'attention de l'assemblée sur l'exposition universelle de Londres, où les produits vinicoles du pays auraient ainsi une si belle occasion de se poser et de se faire connaître, non-seulement au peuple anglais, mais encore à tous ces autres peuples et nations du Nord, nos consommateurs nés, qui là se trouveront tous également représentés et réunis. Ne serait-ce pas le moyen et l'occasion de réparer cet oubli et ce déni de justice dont les produits réels et sérieux de notre agriculture ont été l'objet, lors de notre exposition nationale de 1849? Du reste et quoi qu'il arrive, le comice n'en offre pas moins et ainsi qu'aujourd'hui, son intervention et son concours à MM. les propriétaires exposants, et industriels de l'Anjou. Nous renvoyons aux pièces justificatives, pour faire connaître et les démarches qui ont été faites par nous, à ce sujet, et la réponse du ministre de l'agriculture et du commerce.

Dans ce même but, ainsi que pour conserver tout à la fois date et souvenir de l'exhibition et de la solennité qui viennent d'avoir lieu ici, le comice a cru devoir recueillir et conserver précieusement rangés et classés, un grand nombre de spécimens des principaux produits vinicoles dégustés. Cette collection, cette véritable bibliothèque vinicole sans exemple et sans précédent, que nous sachions, dans les annales de nos sociétés ou réunions agricoles, aura cet avantage aussi curieux qu'intéressant, de pouvoir être consultée et interrogée à l'occasion, plus ou moins successivement ou comparativement.

M. le secrétaire considère, en outre, comme très utile pour nos intérêts actuels, de faire connaître ce qui se passe en ce moment en Champagne, entre les producteurs et industriels anciens et à prix élevés des vins de Champagne, et les industriels et producteurs nouveaux à prix réduits, dont la publicité des débats judiciaires en portant ainsi atteinte à la moralité, ainsi qu'au crédit des uns et des autres, lui semble devoir ouvrir un champ plus libre et laisser place, à l'occasion, à des produits plus ou moins analogues ou similaires, tels par exemple que nos vins champanisés et autres, qui, dans une épreuve

publique et récente où des dégustateurs champenois eux-
mêmes ont été juges et parties, ont été jugés à leur tour
de qualités au moins égales, sinon supérieures aux vins
de Champagne proprement dits.

M. le docteur Hunault termine en disant que l'exposition qui vient d'avoir lieu, est une véritable association de produits, dont une association de producteurs
lui semble le seul et unique moyen de donner satisfac-
tion et solution suffisantes à la question des vins en général, et plus particulièrement encore aux intérêts qui
nous concernent. C'est pour la production le moyen de
garantir à la consommation des produits naturels et
vrais, destinés à réhabiliter nos produits, et à leur ouvrir d'anciens et de nouveaux débouchés que la fraude
et la sophistication, qu'on atteint et qu'on frappe ainsi
du même coup, ont compromis et compromettent encore chaque jour, de manière à discréditer et à chasser
de tous les marchés les produits vrais et naturels, des
plus importants vignobles de la France, si justement et
si anciennement prisés en tous lieux.

COMICE HORTICOLE DU DÉPARTEMENT DE MAINE ET LOIRE.

EXPOSITION VINICOLE DE 1849-1850.

TABLEAU SYNOPTIQUE devant servir à l'Enquête et à la Statistique Vinicole du département, ainsi qu'aux Procès-Verbaux d'Appréciation et de Dégustation, du dimanche 13 janvier 1850 et jours suivants.

ARRONDISSEMENT D'ANGERS. Bas-Anjou.	D'Angers.	
BASSINS ET PLATEAUX.	Plateau de la rive gauche de la Maine.	
NOMS DES COMMUNES.	Angers, *intrà-muros*.	
NOMS ET PRÉNOMS des PROPRIÉTAIRES EXPOSANS.	312. La Société nationale d'agriculture, sciences et arts d'Angers. — Comice horticole.	
NOMS DES PROPRIÉTÉS crûs et clos.	Jardin fruitier et d'étude de la Société, dirigé par son Comice horticole, boulevard des Lices.	
NOMS DES DIVERS CÉPAGES producteurs.	Voir aux documents et pièces justificatives le Catalogue de toutes les vignes du jardin susdit, dont toutes celles qui ont produit du raisin ont servi à la fabrication du vin exposé.	
NATURE DU SOL, SOUS-SOL, terrains, accidents de terrains et expositions.	Terre de jardin, de transport et de remblais, sous-sol schisteux, schiste ardoisier, schisto-argileux. Le jardin actuel faisoit partie et dépendance de l'abbaye de Toussaint, du Logis Barrault, et de l'ancien petit Séminaire, etc., aujourd'hui transformés en musées et dépôt de toutes les collections scientifiques naturelles et des beaux arts.	
COULEUR du RAISIN (1).	Toutes les couleurs de raisin connues : blanc, jaune, rose, rouge, subrouge, violet, noir, bureau ou feuilles-mortes, vert, etc.	**(1) COULEUR DU RAISIN.** *Blanc. — Jaune. — Rose. — Rouge. — Subrouge. — Noir. — Bureau ou Feuille-morte.*
COULEUR du VIN (2).	Rouge pâle et particulier, grenat pâle, assez semblable au Tavel, au Grenache, à certains vins d'Avignon et du Rhône, dits du Pape, et à certains vins rouges du Languedoc et du midi.	**(2) COULEUR DU VIN.** *Rouge-foncé. — Rouge. — Rouge-faible. — Jaune. — Jaune-clair. — Blanc. — Très-Blanc.*
QUALITÉS ET SPÉCIALITÉS du vin (3).	Légère odeur aromatique et musquée, goût faible d'abord, puis bientôt et intérieurement chaud et spiritueux, avec arrière goût aromatique et musqué particulier et spécial, ayant quelque chose de *mixte* et d'*étrange* difficile à définir et à caractériser.	**(3) QUALITÉS ET SPÉCIALITÉS DU VIN.** *Doux. — Sec. — Non-Mousseux. — Mousseux. — Grand-Mousseux. — Champanisé ou non. — Fin. — Léger. — Délicat. — Généreux. — Bouquet, etc.*
CONSERVATION ET DURÉE DU VIN (4).	Ce vin récolté en 1847 et dégusté en 1849 et en 1851, s'est assez bien conservé et soutenu.	**(4) CONSERVATION ET DURÉE DU VIN.** *Absolue ou relative selon ses conditions de nature et de qualités.*
OBSERVATIONS.	Ce vin monstre a été fait, ainsi que nous l'avons dit, avec celles des quatre ou cinq cents espèces de vignes existant dans le jardin fruitier ayant porté des fruits à cette époque. Il est donc le résultat de toutes les espèces et natures de vignes et de cépages pour ainsi dire connues et cultivées en France et même à l'étranger : chasselas, muscats, pineaux et autres de toutes couleurs, de toutes grosseurs et de toutes les qualités possibles. Ce vin a seulement été foulé au pressoir ; il n'a été ni pilé ni cuvé. Recueilli au jardin sous la surveillance du Comice, il a été transporté à la propriété et confié aux soins de M. Allard, l'un de nos collègues d'alors, et depuis secrétaire du Comice, qui l'a fait fabriquer sous ses yeux, entonner, puis mettre ensuite en bouteille une ou deux années après sa récolte.	

STATISTIQUE

ET

ÉCONOMIE GÉNÉRALE DU SUJET.

Après l'enquête vinicole que nous venons de constater, et que nous croyons avoir poussée, du reste, aussi loin que possible, il nous resterait encore, pour achever et compléter entièrement ce travail, à résumer ici, dans quelques chiffres aussi spéciaux que significatifs, la statistique et l'économie générale du sujet qui nous occupe.

Si nous voulions appliquer immédiatement ces calculs à cette partie de l'enquête que nous venons de terminer à l'instant, voici d'abord quels seraient les chiffres qui pourraient en résulter :

Durée de l'exposition des produits vinicoles, du mois de juillet 1849 à la fin de janvier 1850, mois,   7

Durée de la dégustation, du 13 janvier 1850 au 27 janvier 1850, jours,   15

Nombre des produits ou échantillons de vins dégustés,   311

Vins blancs,   240

Vins rouges,   71

Propriétaires vignerons et industriels exposants, 107

Communes viticoles représentées, appartenant indifféremment aux cinq régions précitées, 69

Nombre des communes du département dans lesquelles la vigne est cultivée, 379

Contenances que la vigne occupe dans la totalité des communes en question, 29,484^h 70^c

Quantité de cépages producteurs cultivés dans le département, 30

Cépages blancs, 11

Cépages rouges, 19

Vignes et cépages de toutes espèces et natures, cultivées dans le jardin fruitier et d'expérience de la Société, dirigé par son comice horticole, 430 et quelques.

Voir le catalogue publié aux documents et pièces jusficatives.

Voyons maintenant quel est l'état approximatif de la production et du revenu du domaine vinicole dont nous venons de donner un aperçu. Ainsi que nous l'avons dit précédemment, les vignes occupent en France une étendue totale de 1,972,340 hectares, dont la production moyenne, à raison de 18 hectolitres à l'hectare, nous donnerait alors un produit d'environ 36,000,000 d'hectolitres, qui, au prix de 12 fr. l'hectolitre, nous donnent à leur tour une somme de 432 millions de revenu brut. Sur cette somme, le fisc commence avant tout par prélever 150,000,000 de francs, plus du tiers du revenu, par conséquent.

En appliquant ces chiffres officiels et récents à notre contenance, ainsi qu'à notre production vinicole locale, voici ceux qui en résultent : Nos 30,000 hectares de vignes, multipliés par 18 hectolitres, produiraient ainsi 540,000 hectolitres, qui, au prix moyen de 12 fr. chaque, nous donneraient 6,480,000 fr. de revenu brut.

sur lequel nous aurions a donner, pour notre part, au fisc, plus de 2,000,000 d'impôts.

D'après M. de Beauregard, seconde édition de la statistique déjà citée, le produit de l'impôt des boissons, pour le département, ne s'élèverait qu'à la somme de 1,351,270 fr., dans la quotité duquel la ville d'Angers entrerait seule pour la somme d'environ 396,000 fr., sur 500 à 550,000 fr. environ de revenu municipal, prélevé à raison de 6 fr. 50 ou 60 c. l'hectolitre, sur les 66,000 hectolitres qu'elle consomme, tandis que, d'après les mêmes documents, la production moyenne du département serait d'autre part de 600,000 hectolitres.

Ces calculs généraux et officiels appliqués en grand et par rapport à la production moyenne de la France entière, ne nous semblent plus, à nous, d'une aussi parfaite et aussi rigoureuse exactitude, lorsqu'on veut les appliquer, par exemple, à la production moyenne d'un domaine vinicole aussi varié et aussi instable que celui de notre département.

Sous ces divers rapports, la commission a été unanime pour réduire à 10 et 12 hectolitres au plus la production moyenne de l'hectare en Anjou, et au prix moyen de 10 à 20 fr. au plus l'hectolitre, eu égard à la différence des qualités et des quantités de la production, dans leurs rapports avec les différentes régions et avec les différents crûs qui les produisent.

Sous les divers rapports en question, elle a dû se trouver aussi en plus ou moins parfaite concordance avec les calculs et les appréciations faites à ce sujet par MM. Oscar Leclerc et Sébille-Auger. Cependant, nous croyons devoir ici le dire et le déclarer, les recherches faites à ce point de vue par ces honorables et savants agronomes, n'ont pas été assez loin, et n'ont pas, d'autre part, assez interrogé tous les éléments et toutes les faces de la question, pour que leurs calculs

puissent nous sembler en ce lieu aussi concluants que
définitifs. D'une autre part, si leurs chiffres ne se con-
tredisent pas positivement, ils varient souvent toutefois,
et d'une manière assez notable pour faire douter.

Si les bornes de ce travail nous l'eussent permis, avec
ce que nous devons déjà à nos prédécesseurs et ce que
notre statistique et notre enquête viennent de nous ré-
véler, nous aurions peut-être pu, à notre tour, appro-
cher davantage de la vérité ; mais cela nous eût entraînés
trop loin. Nous nous bornerons seulement à dire à ceux
qui voudront entreprendre ce travail, qu'ils ont à procéder de deux manières : décomposer d'abord tout ce
que peut coûter un vignoble qu'on plante et qu'on crée
de toutes pièces ; puis ensuite, comme preuve et contre-
preuve, chercher, dans les classes ou catégories de vignes entre lesquelles on peut à peu près diviser toutes les
sortes et natures de celles qui composent notre domaine
viticole, la valeur vénale et moyenne du prix de l'hectare,
ou mieux encore du quartier ; contenance locale qui varie selon les lieux de 15 à 18 ares et quelques centiares
pour l'étendue ; et pour le prix qui s'élève ou qui descend, depuis 300 fr. jusqu'à 12 et 1,500 fr. d'une région
à une autre. Ceci fait, on ajoute la rente du fonds, le
chiffre de l'impôt, aux frais de culture, d'entretien,
de fabrication, d'enfutage, de consommation, d'intérêt
du matériel, puis cette somme étant donnée, on la com-
pare aux résultats de la production moyenne pendant
un certain nombre d'années, et l'on a ainsi le revenu ou
produit net du domaine en question, qui peut, même
aujourd'hui et depuis longtemps, se résumer le plus généralement en perte.

C'est, du reste, ce que les chiffres de M. Sébille-
Auger confirment dans deux ou trois des cas qu'il cite
sur quatre.

M. Oscar Leclerc, qui écrivait en 1843, voit, de son

côté, les choses un peu moins en noir, et cite des calculs qui, à notre connaissance, sont exagérés ou tout au
moins incomplets. Malgré cet optimisme, il n'en termi-
nera pas moins ce chapitre par les réflexions suivantes,
écrites, nous le répétons, en 1843 :

« Malheureusement, par suite de circonstances que je
n'ai pas à examiner ici, les propriétaires de vignes ont,
plus que par le passé, à se plaindre des méventes. Il est
certain que, si un pareil état de choses durait, *la question changerait de face.* »

Et elle a beaucoup changé de face, en effet, et sous
tous les rapports, car aux méventes sont venues s'a-
jouter les contre-coups, aussi funestes que désastreux, des crises commerciales et financières, que les
cultures et les productions vinicoles de nos contrées ont
ressentis plus directement et plus cruellement encore que
tous les autres intérêts agricoles du pays, qui n'en sont
pas, pour cela, plus prospères d'ailleurs.

CONCLUSIONS.

En présence de tout ce qui a été dit, fait et promis en faveur de
nos intérêts vinicoles en souffrance, par tous les gouvernements et
par tous les pouvoirs qui se sont succédé en France, depuis près
d'un demi-siècle, nous ne craignons certes pas qu'on ose nous ac-
cuser ici d'un pessimisme et d'une exagération quelconques, quant
à ce que nous avons pu dire de si vrai et de si semblable au sujet
des nôtres.

Chacun se rappelle, en effet, la sollicitude, pour ainsi dire exclu-
sive et spéciale, ainsi que les promesses authentiques et solennelles
si fastueusement faites et répétées à l'envi par tous et par chacun
de ces pouvoirs, concernant la modification ou la suppression plus
ou moins entière et complète des impôts et des droits sur les boissons. Chacun se rappelle en outre toutes ces enquêtes et toutes ces
statistiques successives et sans nombre, plus ou moins officielle-
ment et publiquement sollicitées et provoquées par le gouvernement, par les chambres et par toutes les administrations ou sociétés
compétentes, dont, du reste, aucunes n'ont abouti ni amené de
soulagement et d'amélioration à un état de choses qui va s'aggra-
vant et s'empirant de plus en plus.

Au moment où nous écrivons, une immense et significative enquête officielle et nationale va ouvrir incessamment ses assises pour
juger, sinon définitivement, transitoirement au moins, il faut l'espérer, et d'une manière supportable, les griefs et les doléances aussi
justes que légitimes de nos contrées vinicoles.

On le voit donc, et depuis longtemps, toutes les solutions et toutes
les conclusions relatives à l'importante et grande question des vins ont
été parfaitement étudiées, parfaitement posées et parfaitement réso·
lues de toutes parts. Mais nulle part ailleurs elles ne l'ont été aussi

bien que dans le sein du congrès central d'agriculture, réunion si éminemment spéciale et si éminemment compétente pour traiter de la
pondération, de l'harmonie et de l'état général de tous les intérêts
agricoles du pays, si bien représentés d'ailleurs par les hommes
désintéressés et spéciaux qui, depuis près de dix années, se sont
modestement dévoués à l'ingrate et difficile mission dont d'autres
qu'eux et le pays ont été appelés à recueillir les récompenses et les
bienfaits.

Ces conclusions et ces vœux, que le congrès central d'agriculture
n'a pas cessé depuis ce temps de manifester et de reproduire à chacune de ses sessions, nous les adopterons et nous les répéterons,
quant à nous, avec d'autant plus de droit et d'opportunité, que nous
vous y avons fait participer, Messieurs, en y participant nous même
comme délégué et représentant de la Société d'agriculture et du
comice près du congrès. Du reste, la question des vins est tellement
identique, tellement connexe et tellement solidaire dans son ensemble, ainsi que dans chacune de ses parties, que ce qu'on peut dire
par rapport à l'une d'elles, peut également et parfaitement s'appliquer à toutes les autres, sans exception. Nous renvoyons donc aux
documents et pièces justificatives, quant aux conclusions et vœux
formulés par le congrès central d'agriculture de France.

Une solution aussi réelle qu'incontestable, et que nous croyons
appelée à exercer une grande influence et à peser d'un grand poids
sur les décisions et sur les conclusions aussi prochaines qu'inévitables
de l'assemblée nationale et législative, où la question des vins se
trouve maintenant à l'ordre du jour, consiste dans cette vérité pratique qui n'est plus, en effet, ainsi, qu'une question de chiffres et de
temps, une véritable règle de proportion et d'équation également
satisfaisante et également salutaire pour tous les intérêts en apparence les plus hostiles et les plus opposés, à savoir : Que partout
où, avec intelligence et opportunité, on a cru devoir essayer, par
exemple, de réduire à moitié environ de ce qu'ils sont aujourd'hui,
les impôts et les droits qui existent sur les boissons, partout, et plus
ou moins généralement, non-seulement la consommation, mais en
même temps et également aussi, les revenus publics, les revenus
locaux et tous les impôts ensemble ont plus ou moins augmenté dans
les mêmes proportions et dans les mêmes rapports.

Nous ne reproduirons point ici tous les chiffres et tous les documents qui ont été apportés en preuve et à l'appui des principes et
des considérations dont nous venons de parler. Nous dirons seulement qu'après avoir interrogé l'expérience et les faits comparatifs
depuis 1789 jusqu'à ce jour, on est demeuré convaincu et on l'a
prouvé par de nombreux et significatifs exemples, que partout et

toujours les mêmes causes ont amené et produit les mêmes résultats. Augmentation des droits, diminution de la consommation et du revenu public ; abaissement de droits dans une proportion raisonnable, et sensible augmentation de la consommation, *statu quo* pour le moins, et le plus souvent et parfois augmentation plus ou moins considérable de tous les revenus publics et locaux qui s'y rappor tent. Nous renvoyons encore à ce sujet au compte-rendu précité où Orléans, Saint-Quentin, Montbrison, Paris, et Lyon, surtout. où le conseil municipal a cru devoir prendre l'initiative d'une réduction de droits, qui lui a fait gagner plus d'un million de francs sur les vins, et plus de 100,000 fr. sur les spiritueux, sont également et tour à tour cités en exemple pour des résultats et pour des chiffres qui décident sans réplique, non-seulement la question spéciale, mais encore la question générale et toute entière.

En présence de faits, nous le répétons, aussi significatifs et aussi flagrants, il y a donc urgence, et il ne reste plus, selon nous, qu'à formuler et à conclure, en donnant ici la sanction et la consécration officielle et légale à des principes dont tous les intérêts impliqués dans la question, attendent également, et avec la plus vive anxiété, une solution et une réalisation quelconque.

Une autre considération non moins importante et grave, c'est qu'il faut à tout prix, et nous en avons ici l'un des meilleurs moyens, il faut à tout prix, disons-nous, étendre et agrandir à la fois notre marché de consommation. Et ce marché de consommation, auquel nous demandons la principale solution de la question des vins, n'est point, ainsi qu'on l'a cru, à l'extérieur, il est principalement et presqu'exclusivement a l'intérieur. Cela est aussi certain qu'évident. En effet, interrogeons encore ici les chiffres, ce sont eux qui nous répondront. Ce marché extérieur, qui a bien sa valeur assurément, et que, loin de négliger, il faut, autant que faire se pourra, maintenir, conserver et agrandir encore, n'est pourtant pas aussi important ni aussi déchu qu'on l'a cru, pensé et écrit tant de fois et si souvent. Il est encore, et au contraire, aujourd'hui, ce qu'il était naguère et ce qu'il fut en tout temps ; il enlève et il consomme, sur la totalité de notre production annuelle, du vingt au vingt-cinquième de sa quotité, c'est-à-dire 1,800 à 2,000,000 d'hectolitres, sur 36,000,000 environ, qui, au prix moyen actuel, représentent un capital de 21 à 24,000,000 de fr., sur 400,000,000 que produit à peu près la consommation intérieure.

Du reste, comme véritablement parlant, en Europe ainsi que dans le Nouveau-Monde, chacun cherche à se pourvoir et à s'approvisionner sur son propre marché, et, autant que possible, avec ses productions territoriales et autres, il est plus qu'utile de se préparer à subir un tel état de choses en recherchant les meilleurs moyens d'y remédier. Ici, assurément, la question économique, si elle est sensiblement vulnérable, n'est pas mortelle pour nous. Il est évident, en effet, que lorsqu'avec une production de 36,000,000 d'hectolitres, on a un marché de consommation de plus de 35,000,000 d'habitants, il n'y a ici exagération ni exhubérance de production, il y a seulement en ce lieu une règle de proportion à établir et à résoudre, ce qui n'est pas bien difficile, et semble prouvé après tout ce qui vient d'être dit à ce sujet.

D'une autre part, la réduction ou la modération des droits et des impôts sur les boissons doivent avoir cette conséquence immédiate et sûre, que la fraude et la sophistication n'y trouvant plus, à ce prix vénal d'un produit naturel et vrai, ni leur compte ni leur profit, on cessera enfin d'empoisonner, de ruiner et d'exploiter à l'envi toutes ces laborieuses et intéressantes populations de nos grandes et opulentes cités industrielles et manufacturières, sur lesquelles on prélève, au plus grand préjudice de leur santé, de leur moralité et de leur existence, des sommes exorbitantes, si l'on en juge seulement par ce qui se passe à Paris sous ce rapport. On a calculé qu'à Paris seul plus de 300 ou 400,000 hectolitres de ces détestables et funestes boissons sont chaque année frauduleusement livrés ainsi à la consommation, et lui coûtent plus de 4,000,000 de francs. Ces 400,000 hectolitres représentent à peu près la production annuelle de notre département qui regorge de produits, qu'il est alors obligé de donner à vil prix. Ce côté de la question nous amène tout naturellement aussi en face de la question de l'intempérance et de l'ivrognerie, dont l'invasion et l'étendue sollicitent et provoquent de toutes parts la sollicitude et l'intérêt des esprits réfléchis et sérieux qui savent du reste que le plus grand nombre des excès, des vices, et des crimes s'inspirent et s'alimentent pour la plupart à ces exécrables sources.

Chacun, à son point de vue, a cru devoir indiquer les moyens les plus propres à apporter remède à un tel état de choses. Les uns ont proposé des moyens de répression et d'intimidation légale ; les plus modérés ont proposé des associations de surveillance et d'encouragements mutuels, des sociétés de tempérance et autres. Voici, quant à nous personnellement, quelles sont nos idées à ce sujet. Nous pensons, en effet, que le jour où le vin, qui est, à notre sens, un aliment aussi, mais un aliment auxiliaire et réparateur, sera revenu à un prix raisonnablement accessible aux ressources de l'artisan et de l'ouvrier ; que le jour, en un mot, où il pourra être servi et consommé à chaque repas et sur la table même de la famille, ce jour-là aussi il n'y aura plus alors pour le bon artisan, pour le bon père, pour le bon ouvrier et pour le bon citoyen, ni raison, ni prétexte pour s'en aller hors barrière ou dans les ignobles et mystérieux secrets de la taverne ou du cabaret, boire ou jouer, sous l'inspiration de l'ivresse ou des plus perfides et des plus infâmes conseils, dans quelques heures à peine du jour ou de la nuit, le salaire et la paie d'une semaine entière, si péniblement et si laborieusement gagnés d'une part, si impatiemment et si impérieusement attendus et réclamés de l'autre, afin de satisfaire à toutes les nécessités et à tous les besoins de ces innombrables et si intéressants ménages.

Enfin, et pour terminer, il nous resterait encore à formuler des conclusions quelconques, en réponse à celles contenues dans le mémoire de la chambre consultative des arts et manufactures d'Angers, qui a provoqué le présent travail ; mais les réponses aux conclusions dont on pourrait se prévaloir plus ou moins que de raison, se trouvent de reste, et plus ou moins implicitemeut ou explicitement, renfermées dans le présent compte-rendu, ainsi que dans tous les résultats si positifs et si précis de la statistique et de l'enquête qui s'y trouvent spécialement consignés. Nous nous abstiendrons donc d'en répéter et d'en cumuler ici les nombreux et irréfutables arguments.

Nous croyons seulement devoir nous résumer en ce sens, et dire : Ce qu'il vous plaît, à vous, d'appeler un défaut, vous avez presque dit un vice, eu égard à ces produits et au point de vue sans doute de de la valeur et de l'emploi des vins champanisés que vous préconisez, nous les appelons, nous, des avantages et des qualités réelles et nécessaires, lorsque ces vins sont appelés à satisfaire aux besoins et aux nécessités locales, individuelles et constitutionnelles auxquels nous les croyons principalement destinés.

Ainsi, par exemple, les vins qu'avec juste raison, les peuples du Midi pourraient proscrire, sous leur climat, comme trop chauds, trop toniques, trop cordiaux, trop spiritueux, trop capiteux, trop nerveux même, les peuples du Nord, au contraire, les priseraient à leur tour, et avec plus juste raison encore, comme l'une de ces boissons naturelles, convenables et salutaires, bien préférables pour eux à tous ces spiritueux proprement dits, dont, à leur défaut, ils sont alors forcés de se gorger.

En un mot, nous parlons, nous, boisson quotidienne, boisson alimentaire agréable et de première nécessité, modificateur hygiénique ou médicament, etc., tandis que de leur côté nos contradicteurs parlent, eux, de boissons de luxe et de sensualité. Il ne peut donc y avoir en ce lieu aucune analogie, aucune comparaison absolue à faire entre nos deux produits, également utiles et également indispensables, si l'on veut, en tant qu'ils soient appelés à s'adresser

l'un et l'autre à des besoins et à des nécessités qui peuvent parfai·
tement ainsi se concilier sans s'exclure.

Ainsi donc, et après avoir fait la part, sous ces divers rapports, à
tout ce qui se trouve contenu dans le mémoire de la Chambre consultative, et sous toutes les réserves si positivement et si fréquemment exprimées dans le présent compte-rendu, nous ne voyons
aucuns inconvénients plus justes et plus impartiaux ici que nos ad-
versaires, puisque nous ne proscrivons, nous, ni leur production,
ni leur industrie que nous encourageons, au contraire, si libéra-
lement et si généreusement, à ce qu'on cherche à faire et à répandre
pour les besoins plus ou moins réels, plus ou moins étendus du
luxe et de l'opulence, ce que nous entendons faire, ou plutôt conserver, maintenir, améliorer surtout et propager aussi et de notre
côté, en faveur de tous les intérêts généraux et particuliers de cette
production et de cette consommation immense et nécessaire, qui
ont si incessamment et si impérieusement besoin d'être satisfaits
avant tout.

Dr HUNAULT, *secrétaire·rédacteur.*

P. S. — La commission de dégustation vinicole ayant perdu plusieurs de ses membres depuis l'examen des vins, et n'ayant pu
être reconstituée, s'est trouvée dans l'impossibilité de s'occuper du
rapport ci-dessus. M. le Dr Hunault, resté seul secrétaire de la commission, par suite du décès de M. Allard, son collègue, a été naturellement chargé de ce travail qui lui appartient tout entier, sauf
l'article sur la maladie et l'altération des vins, communiqué par
M. Desvaux, qui a bien voulu, en outre, s'occuper de la copie et du
dépouillement des procès-verbaux.

NOTA. Les pièces justificatives, dont il est question dans ce rapport, sont déposées aux archives du Comice horticole, où chacun
pourra les consulter.

OUVRAGES ET MÉMOIRES

SUR LA

VITICULTURE ET L'OENOLOGIE

DE MAINE ET LOIRE,

Qui ont servi à la rédaction du rapport ci-dessus.

Bulletin de la Société industrielle, 8e année, 1837.

Premier rapport de la commission d'œnologie du comice agricole de Saumur : MM. Lebreton-Devannes, de Foucault, Bruneau, Bury et Sébille-Auger, rapporteur.

Deuxième rapport fait en 1838, *id.*, 9e année, par MM. Millocheau, Viger, Hanry et C. Persac.

Troisième rapport, *id.*, *id.*, par MM. Lebreton-Devannes, de Foucault, Bruneau, Bury, Aug. Courtiller et Sébille-Auger.

Ces recherches et travaux se rapportent le plus spécialement à l'arrondissement de Saumur.

Mémoires de la Société d'agriculture, sciences et arts d'Angers et du comice horticole.

Plusieurs rapports ou mémoires de M. de Beauregard, sur de nouveaux pressoirs construits dans le pays ; sur l'enfouissage et sur les moyens de préparer et d'améliorer les vins rouges et blancs ; puis enfin sur la greffe de la vigne, sujet traité aussi par MM. Delaage et Bourgoing.

Compte rendu du congrès des vignerons, 1re session tenue à Angers en octobre 1842.

Voir les questions posées, les discussions, débats, solutions et conclusions, etc.

Voir, *idem,* les rapports et mémoires de MM. Frédéric Gaultier, docteur Hunault, Sébille-Auger, Mahier, Bayan, Guillory aîné, le comte Odart, Vicet-Prudhomme, Boutard, Petit-Lafitte, etc.

L'agriculture de l'Ouest de la France, étudiée plus spécialement dans le département de Maine et Loire, par O. Leclerc-Thouin, professeur d'agriculture au Conservatoire des arts et métiers, etc., 1843. Voir les articles vignes et fabrication des vins.

NOTICE SUR L'OENOLOGIE

PAR RAPPORT A L'ANJOU (1).

1° Esquisse géologique des terrains vignobles du département de
Maine et Loire.

L'Anjou proprement dit, comprenant les trois départe-
tements de la Mayenne, de la Sarthe et de Maine et
Loire, est situé sous les 47ᵉ et 48ᵉ degrés de latitude.

Le département de Maine et Loire étant le seul où le
produit vinicole soit l'objet de soins particuliers, je ne
m'occuperai que de cette portion de l'Anjou.

Les vignes de Maine et Loire, en général, sont implan-
tées dans des terrains caillouteux, calcaires, schisteux
et sablonneux. Tous les auteurs qui ont écrit sur l'œnologie, ont reconnu que ces terrains étaient dans les
meilleures conditions pour la qualité du vin.

2° Comparaison de cette situation géologique avec le sol de la
Champagne.

La Champagne forme quatre départements : les Ardennes, la Marne, l'Aube et la Haute-Marne ; elle est située
sous les 47ᵉ, 48ᵉ et 49ᵉ degrés de latitude.

Le sol de cette contrée, qui produit des vins si renom-

(1) Cette pièce n'a été communiquée au comice horticole qu'après
l'impression du rapport précédent.

més, repose sur des bancs de craie dont le principe vivifiant est le calcaire.

3° Inductions sur les questions précédentes.

De ce que je viens de dire, il résulte, sans aucun doute, que la nature a fait au moins autant pour nous (sous le rapport du sol) que pour la Champagne.

4° Distillation des vins d'Anjou ; pourquoi on use peu de ce procédé ?

De nombreux essais de distillation ont eu lieu sur nos vins ; ils ont eu du reste un plein succès. Dans les années où le principe dominant du vin est la partie sucrée, il faut environ quatre parties de vin pour obtenir une partie d'eau-de-vie à 58 degrés centésimaux ; dans les années ordinaires, il faut assez généralement sept parties de vin pour en avoir une d'eau-de-vie.

Les vins d'Anjou ayant toujours assez de qualité pour se vendre un prix élevé, les propriétaires ont évidemment plus d'intérêt à les vendre tels qu'ils sont produits naturellement qu'en eau-de-vie, après leur distillation.

Ce motif déterminant est la seule cause qui a fait renoncer les propriétaires angevins à distiller. Les rares exceptions qui peuvent exister contre cette assertion, ne proviennent que de la distillation que font quelques propriétaires de la lie (résidu du vin, après le soutirage).

5° Conséquences.

La distillation si peu usitée dans notre pays, et à laquelle on a à peu près renoncé, pour les motifs que je viens de déduire, est la cause qui a fait supposer à quelques œnologues que nos vins ne contenaient pas d'alcool, ce qui les rendait, disaient-ils, lourds et malfaisants. Je dois dire que, malheureusement, cette idée a eu de l'écho dans nos contrées ! Je connais grand nombre de propriétaires dont l'avis, sur ce point, serait identique à celui de ces œnologues, s'ils étaient consultés.

6° Quelle quantité d'alcool contiennent les vins d'Anjou ; combien
les vins de Champagne?

Grave erreur qu'une pareille supposition!...

Les expériences, faites à cet égard, ont démontré
d'une matière irréfutable, qu'une appréciation semblable
de nos produits vinicoles serait complétement erronée.

En effet, la distillation des vins récoltés en 1815,
1825, 1834, 1846 et même 1848, a produit *cent qua-
rante cinq millilitres* d'alcool pur, par litre de vin distillé.

Dans les années ordinaires, on peut obtenir *quatre-
vingt-six millilitres* seulement.

Des essais faits sur les vins de Champagne, pris avec
les mêmes conditions de qualité que ceux de notre pays
(dont je viens de parler), ont donné ce résultat :

Pour les années où la qualité était supérieure, on a
obtenu *cent trente-huit millilitres* d'alcool pur, par litre
de vin soumis à la distillation.

Pour les années ordinaires, on n'a pu obtenir que
quatre-vingt millilitres, par litre.

De ce côté encore, nous sommes aussi favorisés que
MM. les Champenois! Sans vanité, nous pourrions plus,
puisque nos vins contiennent une plus grande quantité
d'alcool que les leurs.

7° Reproches faits aux vins d'Anjou, causes.

« Généralement on reproche à nos vins un goût de
» terroir et de pierre silicée, qui, en effet, se fait sentir
» sur les produits de quelques points du département
» de Maine et Loire : on se plaint aussi de leur pesan-
» teur (ce qui les rend indigestes, dit-on,) et de leur ef-
» fet capiteux. »

Pour le goût de terroir et de silex, il existe dans certaines contrées comme je viens de le reconnaître; néanmoins je dois rectifier la généralité qu'on veut faire peser

sur nos vins pour ce petit défaut, qui n'existe en réalité que sur les produits de quelques points du Haut-Anjou.

Pour répondre au reproche de pesanteur et détruire la croyance admise pour l'effet capiteux de notre vin, je suis obligé d'énumérer ici les matières qui le composent et qui sont :

L'eau, l'alcool, le mucilage ou matière végéto-animale, le tannin, le principe colorant, l'acide acétique et le tartrate acide de potasse, le tartrate de chaux, l'hydrochlorate et le sulfate de potasse.

J'examinerai maintenant le rôle que joue chacune de ces substances dans le vin, et quelle conséquence je puis tirer de là, pour la solution que j'entreprends.

L'eau est la partie dominante du vin, la portion palpable; l'alcool est le principe essentiel, c'est cette substance qui rend le vin utile à l'économie animale, elle donne du ton, excite et anime les fonctions organiques, surtout celles de l'estomac; la matière végéto-animale ou mucilage détermine les différentes phases que le vin subit après le pressurage du raisin, depuis l'entonnage jusqu'au moment où il cesse de fermenter; le tannin constitue la partie âpre du vin, il s'en détache et se précipite par l'action de l'hydrochlorate de potasse; le principe colorant varie suivant le contact du vin avec l'air, dans des circonstances plus ou moins rapprochées et plus ou moins opportunes; l'acide acétique et le tartrate acide de potasse donnent au vin le goût aigrelet qu'on lui trouve assez ordinairement après la fermentation, ils déterminent aussi, par leurs principes odorants, le fumet ou bouquet du vin; le tartrate de chaux sert à dégager l'acide carbonique du sulfate de potasse et forme par conséquent le principe mousseux; j'ai parlé de l'hydrochlorate de potasse par rapport à son effet sur le tannin, je n'ai plus qu'un mot à dire sur le sulfate de potasse, lequel donne au vin, ainsi que le tannin, un goût amer, lorsqu'il entre pour une forte portion dans sa composition.

La qualité du vin dépend souvent de l'intelligence des soins qui lui sont donnés, soins dont l'exécution annihile fréquemment l'effet des substances hostiles qui le composent et dont je viens de parler à l'instant, voici comment.

Le vin, au moment de l'entonnage, est surchargé d'une partie déposante appelée *mout* et dont les principes dominants sont l'albumine et le ferment. Après l'entonnage, lorsque le vin est en ébullition, cette matière aqueuse sort, pour une petite portion seulement, par la bonde de la barrique; alors, la partie graviteuse se concentre au fond et forme ce qu'on appelle *la lie :* l'action du mucilage opère cette distraction. A ce moment aussi, le tannin se précipite par suite de son contact avec l'hydrochlorate de potasse; il faut alors procéder, avec le plus grand soin, au premier soutirage. (Cette opération, qu'on devrait plutôt appeler *décantage*, consiste à distraire la partie limpide du vin de la lie.) Elle demande la plus grande attention dans les années où le vin a une qualité supérieure, car alors, le principe sucré étant en grande quantité, la lie se forme très difficilement; ce que je viens de dire s'explique d'autant mieux qu'on reproche aux vins d'Anjou d'être lourds. En effet, si le soutirage n'est pas fait avec la plus grande précaution, la portion de lie qui reste mélangée au vin soutiré se délaie, et, comme l'action du mucilage est peu sensible après l'ébullition, elle tombe difficilement, ce qui rend le second soutirage peu efficace.

Si, au contraire, le premier soutirage est fait avec soin, vous parvenez par le second à enlever au vin toutes les matières nuisibles à sa limpidité et à sa légèreté; il ne conserve plus alors ce goût âpre et désagréable qui caractérise les vins restés *nubles.*

Ces opérations préliminaires doivent être souvent répétées avant la mise en bouteilles. Elles ont le double avantage, faites dans de bonnes conditions, de rendre le vin limpide (ce que j'ai déjà dit), et de diminuer son action capiteuse, parce que, lorsque le dépôt se forme, il emporte une portion alcoolique qui diminue d'autant celle qui reste dans la partie limpide, au profit de la légèreté qu'on aime à trouver au vin.

A la mise en bouteilles, vous avez un vin à peu près clair, le dépôt qui reste ne fait plus que miroiter dans la bouteille. Pour l'enlever tout à fait, vous placez vos bouteilles sur une planche percée *ad hoc*, et, dans une position presque verticale (têtes en bas); de temps en temps, il faut *frissonner* chacune des bouteilles, ce qui consiste à lui faire subir un mouvement de rotation qui aide le dépôt à se précipiter au goulot; lorsqu'on s'aperçoit que le vin est dégagé de ce reste de dépôt, on enlève le bouchon auquel il est devenu inhérent pour en replacer un autre; par cette mutation on a pu enlever complétement le dépôt; le vin est alors *doux, léger et limpide,* pouvant supporter toute espèce de transport sans altération aucune.

8° Pourquoi les vins de Champagne sont moins capiteux que les vins d'Anjou ?

Les vins de Champagne, recevant tous les soins que je viens d'indiquer, l'emportent sur les nôtres par ce seul motif. Cela est d'autant plus facile pour les Champenois, que les propriétaires angevins s'occupent peu de la question vinicole; le plus souvent, ils confient à des vignerons inhabiles les soins à donner au vin, ceux-ci font ce travail sans précaution; ils ne se donnent même pas la peine de nettoyer les barriques qui doivent le contenir, opération bien simple, mais des plus importantes. A cet égard, voici quelques détails :

Lorsque la barrique est neuve, et qu'on ne l'a pás encore fait servir, il suffit d'y passer de l'eau chaude, et de mécher un peu ; si la barrique a été employée, quoique neuve, par suite des soutirages, il faut, après y avoir mis de l'eau froide, introduire dans cette barrique une chaîne à trois branches (qu'on trouve chez tous les quincailliers) dont les anneaux doivent avoir trois à quatre centimètres de dimension en tous sens ; on l'agite alors violemment, de façon à exercer une forte pression de frottage sur les parois de cette barrique soumise au lavage. Cette opération doit être répétée jusqu'à ce que l'eau qu'on introduit à chaque fois dans la barrique, en recommençant, en sorte parfaitement claire. Comme cela, on dégage l'intérieur du fût de toute la matière nuisible au vin, et de tout le tannin qui serait resté adhérent à sa paroi intérieure.

Pour les vieilles barriques qui ont été employées plusieurs fois, il faut agir de la même manière.

A titre d'observation, je dirai que, pour conserver des fûts vides, d'une année pour l'autre, il faut, avant de les serrer, les laver comme s'ils devaient servir de nouveau, les laisser sécher, puis après, brûler une petite mèche à l'intérieur, et les bonder.

Revenant à ma question, j'ajouterai que quelques œnologues ont pensé que les vins de Champagne contenaient plus d'acide carbonique que les nôtres, et que, pour ce motif, l'acide carbonique, d'après eux, absorbant l'alcool, il s'en trouvait beaucoup moins que dans notre vin, ce qui établissait la différence de légèreté entre le Champagne et le vin d'Anjou.

Ce raisonnement est complétement faux ; admettant même que l'acide carbonique soit en plus grande quantité dans le vin de Champagne que dans le vin d'Anjou, que cet acide ait la propriété absorbante pour l'alcool qu'on lui attribue, on sera toujours obligé de reconnaître l'erreur d'un pareil raisonnement, puisque les Champenois relèvent leur vin avec des eaux-de-vie ; donc ils sont trop faibles naturellement !

Nos vins n'ont besoin que de soins, et du jour où les propriétaires le comprendront, ils rivaliseront avec avantage avec le Champagne : de plus, les habitants du Nord, qui ont besoin de nos vins pour diminuer l'*asthénie* dont ils sont atteints, reviendront nous les demander du jour où nos produits auront regagné en qualité par les soins qu'ils recevront, ce que leur a fait perdre l'agiotage dans le temps où l'exportation était si considérable pour les contrées du Nord.

Chalonnes-sur-Loire (Maine et Loire), 15 juin 1851.

CH. DROUARD,

Membre du Comice horticole de Maine et Loire et de la Société commerciale Fremy frères, fils et Cᵉ, dont le siége est à Chalonnes.

STATISTIQUE VITICOLE DE MAINE ET LOIRE.

§ 1. ARRONDISSEMENT D'ANGERS.

	H.	A
CANTON NORD EST D'ANGERS		
Angers.	176	46
Saint-Barthélemy.	166	65
Ecouflant.	6	80
Plessis-Grammoire.	178	80
Sarrigné.	19	14
Saint-Sylvain.	71	19
Villevêque.	81	19
CANTON NORD-OUEST.		
Avrillé.	53	66
Beaucouzé.	11	18
Bouchemaine.	230	84
Cantenay-Épinard.	30	39
Juigné-Béné.	19	69
Saint-Lambert-la-Potherie.	0	47
La Meignanne.	12	19
La Membrolle.	0	39
Montreuil-Belfroy.	34	38
Le Plessis-Macé.	18	54
CANTON SUD-EST.		
Andard.	134	65
Brain-s.-l'Authion.	225	09

	H.	A
Trelazé.	90	97
CANTON DE BRIOLLAY.		
Briollay.	193	38
Cheffes.	67	41
Ecuillé.	70	94
Feneu.	54	30
Montreuil-sur-Loir.	«	«
Soucelles.	66	54
Soulaire-et-Bourg.	152	26
Tiercé.	84	80
CANTON DE CHALONNES-SUR-LOIRE.		
Chalonnes.	421	30
Chaudefonds.	270	42
St-Aubin-de-Luigné.	78	19
Rochefort.	549	80
Denée.	217	98
CANTON DE SAINT-GEORGES-SUR-LOIRE.		
Champtocé.	148	52
Saint Georges.	·81	11
Saint-Germain-des-Prés.	56	70

	H	A		H	A.
Ingrandes.	214	20	Ponts-de-Cé.	23	68
Sᵗ-Jean-de-Linières.	5	45	Saint-Rémy.	258	16
Saint-Martin-du-Fouil-			Saint-Saturnin.	285	96
loux.	4	12	Soulaines.	278	17
Savennières.	602	92	Saint-Sulpice.	15	20

CANTON DU LOUROUX-BÉ-CONNAIS.

CANTON DE THOUARCE.

	H	A		H	A.
Saint-Augustin.	»	»	N.-D.-d'Alençon.	4	21
Bécon.	1	47	Les Alleuds.	»	»
Saint-Clément.	11	76	Beaulieu.	288	53
La Cornuaille.	»	»	Brissac.	11	77
Le Louroux.	6	60	Le Champ.	128	16
Saint-Sigismond.	21	80	Chanzeaux.	71	59
Villemoisan.	1	55	Charcé.	143	34

CANTON DES PONTS-DE-CÉ

			Chavagnes.	192	07
Blaison.	143	00	Saint-Ellier.	50	45
La Bohalle.	0	65	Faveraye.	144	08
Sainte-Gemmes.	166	50	Faye.	515	34
La Daguenière.	»	»	Gonnord.	34	47
Gohier.	37	74	Joué-Etiau.	3	94
Saint-Jean-des-Mau-			Saint-Lambert-du-		
vrets.	339	76	Lattay.	332	44
Juigné-sur-Loire.	217	81	Luigné.	16	13
Saint-Mathurin.	5	52	Quincé.	95	03
Saint-Melaine.	88	49	Rablay.	178	92
La Menitré.	23	80	Saulgé-l'Hôpital.	16	54
Mozé.	269	86	Thouarcé.	288	92
Murs.	266	39	Vauchrétien.	190	22

§ 11. ARRONDISSEMENT DE BAUGÉ.

CANTON DE BAUGE.			Clefs.	35	33
Bocé.	83	71	Cuon.	48	99
Chartrené.	20	24	Chemiré.	57	40
Cheviré-le-Rouge.	167	52	Fougeré.	213	07

	H	A		H.	A.
Guédeniau.	24	70	Vernoil-le-Fourrier.	5	35
St-Martin-d'Arcé.	15	07	**CANTON DE NOYANT.**		
Pontigné.	37	50	Auverse.	22	55
Saint-Quentin.	2	51	Breil.	9	62
Vieil-Baugé.	200	77	Broc.	43	56
Volandry.	38	04	Chalonnes-s-le Lude	19	63
CANTON DE BEAUFORT.			Chavaignes.	13	00
Beaufort.	145	00	Chigné.	20	54
Brion.	82	15	Denezé.	21	52
Corné.	89	30	Genneteil.	27	71
Fontaine-Guérin.	120	04	Lasse.	39	00
Gée.	22	94	Linières-Bouton.	»	»
St Georges-du-Bois.	50	24	Meigné.	23	14
Mazé.	208	81	Méon.	5	24
CANTON DE DURTAL.			Noyant.	38	92
Baracé.	3	27	Parçay.	»	»
Daumeray.	146	48	**CANTON DE SEICHES.**		
Durtal.	254	48	Bauné.	43	37
Etriché.	45	15	Beauvau.	17	06
Huillé.	138	63	Chaumont.	9	90
Montigné.	78	58	Cornillé.	90	36
Morannes.	90	42	Corzé.	80	99
CANTON DE LONGUÉ.			Fontaine-Milon.	62	61
Blou.	57	70	Jarzé.	107	75
Courléon.	»	»	La Chapelle-St Laud.	3	94
Jumelles.	9	91	Lesigné.	40	74
La Lande-Chasles.	1	90	Lué.	17	36
Longué.	304	81	Marcé.	49	61
Mouliherne.	36	23	Seiches.	45	85
Saint-Philbert.	»	»	Sermaise.	43	58
Vernantes.	10	31			

§ 3. ARRONDISSEMENT DE BEAUPREAU.

CANTON DE BEAUPREAU.			Beaupreau.	41	33
Andrezé.		4 46	Chapelle-du-Genêt.	3	11

	H.	A.
Gesté.	33	76
Jallais.	«	«
La Jubaudière.	«	«
Le May et St-Léger.	«	«
Saint-Philbert.	0	84
Pin-en-Mauges.	3	16
La Poitevinière.	2	34
Villedieu.	8	28
CANTON DE CHAMPTOCEAU.		
Bouzillé.	185	03
Champtoceaux.	185	86
Saint-Christophe.	16	26
Drain.	253	14
Landemont.	70	«
St-Laurent-des-Autels	2	30
Liré.	349	28
Saint-Sauveur.	12	98
La Varenne.	240	96
CANTON DE CHEMILLE.		
Chemillé.	«	«
Sainte-Christine.	«	«
Cossé.	«	«
Saint-Georges-du Puy-de-la-Garde.	«	«
La Jumellière.	10	72
Saint-Lezin.	«	«
Chapelle-Rousselin.	0	48
Melay.	«	«
Neuvy.	«	«
La Tourlandry.	«	«
CANTON DE CHOLET.		
Les Cerqueux.	«	«
Chanteloup.	«	«
Cholet.	«	«
St-Christophe-du-Bois	«	«

	H.	A.
Maulévrier.	«	«
Mazières.	«	«
Nuaillé.	«	«
La Seguinière.	«	«
La Tessoualle.	«	«
Trémentines.	«	«
Vezins.	«	«
Yzernay.	«	«
CANTON DE SAINT-FLORENT-LE-VIEIL.		
Beausse.	3	27
Botz.	77	38
Chapelle-St-Florent	140	09
St-Florent-le-Vieil.	83	49
Saint-Laurent-de-la-Plaine.	«	«
Saint-Laurent-du-Mottay.	77	75
Le Marillais.	9	77
Le Ménil.	68	62
Montjean.	147	16
La Pommeraie.	89	18
CANTON DE MONTFAUCON.		
Saint-André-de-la-Marche.	«	«
Saint-Crespin.	153	88
Saint-Germain.	41	42
Le Longeron.	«	«
Saint-Macaire.	«	«
Montfaucon.	«	«
Montigné.	«	«
La Renaudière.	10	09
La Romagne.	«	«
Roussay.	«	«
Tilliers.	«	«

	H	A		H.	A.
Torfou.	«	«	Montrevault.	1	50
CANTON DE MONTREVAULT.			St-Pierre-Montlimart	45	45
Chaudron.	49	«	Le Puiset-Doré.	9	96
La Chaussaire.	30	79	Saint-Quentin.	7	01
Le Fief-Sauvin.	16	91	Saint-Remy.	73	34
Le Fuilet.	17	21	La Salle-Aubry.	22	01
La Boissière.	10	90			

§ 4 ARRONDISSEMENT DE SAUMUR.

	H	A		H.	A.
CANTON DE DOUE.			Gresillé.	83	85
Brigné.	175	54	Louerre.	63	38
Concourson.	303	32	Noyant.	25	62
Denezé.	59	88	Trèves-Cunault.	53	61
Doué.	168	81	CANTON DE MONTREUIL-		
Douces.	81	86	BELLAY.		
Forges.	81	98	Antoigné.	255	04
Saint-Georges-Châte-			Brezé.	339	87
laison.	95	92	Brossay.	61	37
Louresse-Rocheme-			Cizay-la-Magdeleine	391	46
nier.	60	56	Courchamps.	204	83
Martigné-Briand.	548	44	Coudray.	328	29
Meigné.	49	70	St-Cyr-en-Bourg.	117	40
Montfort.	67	28	Epieds.	246	58
Soulanger.	127	58	St-Just-sur-Dive.	30	86
Les Verchers.	488	28	Saint-Macaire.	222	58
Les Ulmes.	149	40	Méron.	106	26
CANTON DE GENNES.			Montreuil-Bellay.	403	31
Ambillou.	115	58	Puy-Notre-Dame.	565	51
Chemellier.	103	74	Vaudelnay.	682	98
Chenehutte et les Tuf-			SAUMUR NORD EST.		
faux.	73	75	Allonnes.	349	42
Coutures.	184	49	Brain.	491	45
Saint-Georges-le-Thou-			La Breille.	170	14
reil.	19	23	Neuillé.	225	05
Gennes.	111	39	Varennes.	511	53

	H.	A		H	A.
Villebernier.	217	18	St-Martin-de-la-Plaine	6	78
Vivy.	22	60	Les Rosiers.	33	94
SAUMUR SUD.			**CANTON DE VIHIERS.**		
Artannes.	67	47	Aubigné-Briand.	112	34
Bagneux.	81	30	Cernusson.	56	80
Chacé.	280	18	Cerqueux.	0	69
Dampierre.	271	78	Cleré.	25	21
Distré.	145	65	Coron.	»	»
Fontevrault.	109	28	La Fosse de Tigné.	85	50
Saint Hilaire-Saint-			Nueil.	297	43
Florent.	181	96	St-Hilaire du-Bois.	0	21
Montsoreau.	225	94	Montilliers.	108	91
Parnay.	183	56	Passavant.	44	73
Rou-Marson.	103	27	St-Paul-du-Bois.	1	12
Souzay.	256	64	La Plaine.	»	»
Turquant	189	67	La Salle.	»	»
Varrains.	129	08	Somloire.	»	»
Verrie.	14	57	Tancoigné.	98	14
SAUMUR NORD-OUEST.			Tigné.	243	37
Saint-Clément-des-			Trémont.	90	30
Levées.	12	20	Vihiers.	»	»
Saint-Lambert-des-			Le Voide.	58	72
Levées.	1	66			

§ 5. ARRONDISSEMENT DE SEGRÉ.

	H	A		H	A
CANTON DE CANDÉ.			Brain-s.-Longuenée.	»	»
Angrie.	· »	»	Chambellay.	4	11
Candé.	»	»	Gené.	»	»
Chazé-sur-Argos.	»	»	Grez-Neuville.	34	48
Freigné.	»	»	La Jaille-Yvon.	6	87
La Potherie.	»	»	Lion d'Angers.	».	»
Loiré.	»	»	Montreuil-sur-Maine.	»	»
CANTON DU LION-D'ANGERS.			La Pouëze.	0	49
Andigné.	»	»	Pruillé.	»	»

	H.	A.		H	A.
Vern.	»	»	Grugé.	»	»
CANTON DE CHATEAUNEUF.			Saint-Michel.	»	»
Brissarthe.	18	03	Noëllet.	»	»
Champigné.	7	83	Pouancé.	»	»
Champteucé.	0	97	La Prévière.	»	»
Châteauneuf.	32	63	Le Tremblay.	»	»
Chemiré.	7	94	Vergonnes.	»	»
Chenillé-Changé.	3	49	CANTON DE SEGRF.		
Cherré.	2	03	Aviré.	»	»
Contigné.	12	00	Bourg-d'Iré.	»	»
Juvardeil.	33	89	La Chapelle-s.-Oudon.	»	»
Marigné.	15	10	Châtelais.	»	»
Miré.	183	03	La Ferrière.	»	»
Querré.	2	68	L'Hôtellerie-de-Flée.	»	»
Sceaux.	10	15	Louvaine et la Jail-		
Sœurdres.	1	38	lette.	»	»
Thorigné.	7	32	Sainte-Gemmes-d'An-		
CANTON DE POUANCÉ.			digné.	»	»
Armaillé.	»	»	Marans.	»	»
Bouillé-Ménard.	»	»	St-Martin-du-Bois.	»	»
Bourg-l'Évêque.	»	»	Montguillon.	»	»
Carbay.	»	»	Noyant-la-Gravoyère.	»	»
Chapelle-Hullin.	»	»	Nyoiseau.	»	»
Chazé-Henry.	»	»	St-Sauveur-de-Flée.	»	»
Combrée.	»	»	Segré.	»	»

NOTA. Cette statistique viticole a été fournie par M. le Directeur des contributions directes.

FIN

Angers, imp. de Cosnier et Lachèse.